高等学校实验课程教材

伍丽华　周玲丽　编著

数学软件教程

ShuXue RuanJian JiaoCheng

Mathematics Software Tutorial

中山大学出版社
·广州·

图书在版编目（CIP）数据

数学软件教程/伍丽华，周玲丽编著. —广州：中山大学出版社，2008.7
高等学校实验课程教材
ISBN 978-7-306-03077-1

Ⅰ. 数…　Ⅱ. ①伍…②周…　Ⅲ. 数学—应用软件，Mathematica、MATLAB、Maple—高等学校—教材　Ⅳ. O245

中国版本图书馆 CIP 数据核字（2008）第 046360 号

出 版 人：王天琪
策划编辑：李　引
责任编辑：李　文
封面设计：曹巩华
责任校对：吴　燕
责任技编：黄少伟
出版发行：中山大学出版社
电　　话：编辑部 020-84111996，84113349
　　　　　发行部 020-84111998，84111981，84111160
地　　址：广州市新港西路 135 号
邮　　编：510275　　传　真：020-84036565
网　　址：http：//www.zsup.com.cn　E-mail：zdcbs@mail.sysu.edu.cn
印 刷 者：广州市友盛彩印有限公司
规　　格：787mm×1092mm　1/16　1 印张　297 千字
版次印次：2008 年 7 月第 1 版　2022 年 1 月第 5 次印刷
印　　数：1-2000 册　　定　价：28.00 元

内 容 简 介

本书简要地概述了数学软件，详细介绍了目前使用最广泛的几种数学软件：Mathematica、MATLAB 及 Maple。全书共分为数学软件概述篇、Mathematica 篇、MATLAB 篇和 Maple 篇四大部分。本书通过大量应用实例介绍这些软件的使用方法，旨在使读者对目前众多数学软件有更多的认识和了解，以便选择自己适用的数学软件，进一步学习掌握求解数学问题的实验方法，达到理论和实践的统一。

本书可作为高等院校数学系各专业本科生教材或教师参考用书，以及作为“数学实验”课程的参考用书，也可供从事相关数学计算专业的工程技术人员参考。

前　言

计算机与数学软件是进行数学实验的平台，进行数学实验的前提是掌握一种有用的数学软件。目前，通用的数学类工具软件林林总总，就科学计算类软件而言，比较有代表性的数学软件有 Mathematica、MATLAB 和 Maple 等。从功能上看，科学计算类数学软件一般都具有几大基本功能，即能够进行数值计算、符号运算，以及利用图形技术绘图和实现计算可视化，同时也具有高效的可编程功能。这些通用的数学软件各具特色，在功能上各有优势，有各自的侧重点，读者在如何选用一种数学软件时往往不得要领。

本教程介绍了一些目前较为流行的数学软件，旨在为数学软件的教学及实验提供一本简明实用的教材，一方面使读者对各种数学软件在各自针对目标上的特色有一个全面的了解，从而选用适合自己需要的数学软件；另一方面，通过本书应用实例的学习，使读者能够有效地掌握一些数学软件的使用与应用，进一步推动数学的教学与应用研究。

本书第一部分为数学软件概述篇，简要地介绍了数学软件的概况；第二至第四部分分别为 Mathematica 篇、MATLAB 篇和 Maple 篇，较为详细地介绍了目前使用最广泛的 3 种数学软件：Mathematica、MATLAB 及 Maple。全书通过大量应用实例，简明扼要地介绍了这些软件的使用方法。

本书第一、第二部分由伍丽华编写，第三、第四部分由周玲丽编写。本书是在多年使用的讲稿基础上进一步修改充实而成，在编写过程中，我们参考了一些近年来出版的有关数学软件的书籍，这些文献对我们帮助很大，在此谨向他们表示衷心的感谢。

由于编者时间及水平有限，难免有不妥之处，敬请广大读者批评指正。

伍丽华　周玲丽

2008 年 7 月于中山大学

目　录

第一部分　数学软件介绍

第二部分　Mathematica 篇

第三部分 MATLAB 篇

第四部分　Maple 篇

第一部分

数学软件介绍

第1章　数学软件概述

随着计算机技术的不断发展和完善，现代数学的发展对计算机的依赖将越来越明显，过去一张纸一支笔就能做数学的局面已成为历史。一般来说，数学研究或数学教学与计算机应用的结合主要是借助数学软件等工具。数学软件也称为计算机数学语言，其功能是提供一个进行科学计算的平台，在此平台上，可以进行计算、分析和处理问题，以实现数学的思想方法及其算法，也可以用计算机辅助数学研究，进行探索、猜测和证明。此外，数学软件也是一个重要的教学平台，我们可以利用该平台辅助数学教学，省去繁琐的计算过程，更直接地揭示数学问题的本质，同时激发学生学习数学的兴趣。可以说，适用于数学研究和数学教学的、功能强大且界面友好的数学工具软件，是促进数学与计算机两者有机结合的必不可少的前提条件。

科学计算通常可分为两类：一类是纯数值的计算，例如求函数的值、求方程的数值解；另一类是符号运算，又称为代数运算，这是一种智能化的计算，处理的对象是符号，符号可以代表整数、有理数、实数和复数，也可以代表多项式、函数，还可以代表集合、群的表示等等。数学软件可以帮助人们解决各种领域里涉及比较复杂的符号计算和数值计算的理论和实际问题。从某种意义上讲，数学软件是一个复杂的、功能强大的解决计算问题的工具，它可以自动地完成许多复杂的计算工作，如求一个表达式的积分、作一个多项式的因式分解等等。数学软件的出现，改变了我们仅用自己的头脑去记忆、考察和判断，仅能用纸和笔作为工具去处理数学问题的方式，带来思维与解题工具的革新，对科学研究和工程应用领域均产生意义深远的影响。

目前，通用的数学类工具软件为数不少，本书主要介绍其中3个科学计算类软件：Mathematica（5.1版）、MATLAB（6.5版）、Maple（9.0版），它们是目前国内外具有代表性的数学工具软件。

1.1 Mathematica

1.1.1 Mathematica 概况

Mathematica 是美国 Wolfram Research 公司开发的一个集成化计算机数学系统，也称为符号计算系统。Mathematica 具有强大的数值计算和符号演算能力，提供了范围广泛的数学计算功能，能够完成符号和数值运算、数学图形绘制甚至动画制作等多种功能，可以用于解决各种领域中涉及复杂符号计算和数值计算的问题。

使用 Mathematica 的主要有从事理论研究的数学工作者，以及从事实际工作的工程技术人员，主要集中在工程、物理学、数学、计算机科学、医药化学、航空航天等领域。Mathematica 在科学计算领域声名显赫，是当今世界上应用最广泛的符号计算系统，也是使用最广泛的数学软件之一。

1.1.2 Mathematica 的特点与功能

Mathematica 的基本系统主要是用 C 语言开发的，因而可以比较容易地移植到各种平台上，Mathematica 是一个交互式的计算系统，计算是在用户和 Mathematica 互相交换、传递信息数据的过程中完成的。Mathematica 系统所接受的命令都被称作表达式，系统在接受了一个表达式之后就对它进行处理，然后再把计算结果返回。Mathematica 对于输入形式有比较严格的规定，用户必须按照系统规定的数学格式输入，系统才能正确地处理。从 3.0 版本开始引入输入面板，用户可以定制、修改几种输入面板，5.1 版本可以用各种格式（包括 HTML、BMP 等格式）保存文件和剪贴内容，使得用户在输入输出处理时更为便捷。

Mathematica 是一个将符号运算、数值计算和图形显示很好地结合在一起的数学软件。其主要功能包括 3 个方面：符号演算、数值计算和绘图。Mathematica 能进行各种代数式的基本运算和变形（四则运算、展开、因式分解和合并等），以及求值运算；能解多项式方程、一些有理方程、超越方程的解析解和数值解；能做微积分中的许多运算，如求一般函数表达式的极限、导数、不定积分和定积分、幂级数展开和幂级数的运算、求解微分方程等；能进行数值的或一般表达式的向量和矩阵的一系列运算。在数值计算方面，Mathematica 能进行精确的数值计算，也能求任意精度的近似解；能进行实数运算和复数运算。在绘制图形图像方面，Mathematica 能作出各种一元函数和二元函数图像，可以根据需要自由选择画图的范围和精确度，并能进行直角坐标作图、极坐标作图和参数方程作图，利用系统提供的图形软件包，还可以直接作出各种典型的二维和三维图形。

上述 Mathematica 的功能是融合在一个系统当中，是一个有机的整体系统。在使用

Mathematica 的过程中，用户可以根据自己的需要切换工作环境，比如可以在数值计算、符号演算和作图系统之间不断切换。这种灵活性为使用者带来很大的方便，经常能使一些复杂问题的解决变得易如反掌，使问题处理起来得心应手。Mathematica 包含大量的符号计算函数、数据计算函数、作图函数或其他具有复杂功能的函数，还是一个很容易扩充的系统，因为系统本身提供了一批用这个语言编写的完成各种工作的程序包，在需要时可以调入程序使用。此外，用户还可以用这个语言开发专门用途的程序或软件包。

1.1.3　相关信息

Wolfram 公司自从 1986 年开始开发 Mathematica，1988 年推出 Mathematica 系统的 1.0DOS 版本以来，历经多次升级和改版，目前已开发出 For Windows 的 5.0 版本，并推出了小波分析数据包和工程数学包。Wolfram 公司已于近期推出中文网页 http://www.wolfram.com/index.zh.html，此网页有关于 Mathematica 最新发展与应用的介绍，并可下载 Mathematica 5.2 试用版。

1.2　MATLAB

1.2.1　MATLAB 概况

MATLAB 是美国 MathWorks 公司于 1984 年推出的一套高性能的数值计算和数据图示化软件，是一个用于概念设计、算法开发、建模仿真、实时控制的集成环境。MATLAB 是 MATrix LABoratory（矩阵实验室）的缩略写法，最初主要用于方便矩阵的存取，其基本元素是无需定义维数的矩阵。经过十几年的完善和扩充，目前 MATLAB 已经发展成为适合多学科、多种工作平台的功能强大的大型软件。在国外，MATLAB 已经成为很多高校线性代数、自动控制理论、数理统计、数字信号处理、时间序列分析和动态系统仿真等高等课程的基本教学工具。在工业环境中，MATLAB 可用来解决实际的工程和数学问题，其典型应用有：通用的数值计算，算法设计，各种学科如自动控制、数字信号处理、统计信号处理等领域的专门问题求解。除具备卓越的数值计算能力外，它还提供了专业水平的符号计算、文字处理、可视化建模仿真和实时控制等功能。

MATLAB 集数值分析、矩阵运算、信号处理和图形显示于一体，构成了一个方便的、界面友好的用户环境，是目前最好的科学计算类软件之一。它以矩阵作为基本数据单位，在应用线性代数、数理统计、自动控制、数字信号处理、动态系统仿真方面已经成为首选工具，同时也是科研工作人员和大学生、研究生进行科学研究的得力工具。

1.2.2　MATLAB的特点与功能

MATLAB语言易学易用，不要求用户有高深的数学和程序语言知识，不需要用户深刻了解算法及编程技巧，MATLAB既是一种编程环境，又是一种程序设计语言，这种语言与C、FORTRAN等语言一样，有其内定的规则，但MATLAB的规则更接近数学表示，使用更为简便，可使用户大大节约设计时间，提高设计质量。

MATLAB程序主要由主程序和各种工具包组成，其中主程序包含数百个内部核心函数，工具包又可以分为功能工具包和学科工具包。功能工具包具有扩充MATLAB的符号计算、可视化建模仿真、文字处理及实时控制等功能，学科工具包是专业性比较强的工具包。工具包包括复杂系统仿真、信号处理工具包、系统识别工具包、优化工具包、神经网络工具包、控制系统工具包、μ分析和综合工具包、样条工具包、符号数学工具包、图像处理工具包、统计工具包等。MATLAB提供了自己的编译器，全面兼容C以及FORTRAN两大语言。

开放性使MATLAB广受用户欢迎，除内部函数外，MATLAB的各种工具包都是可读可修改的文件，用户可以通过对源程序的修改或加入自己编写的程序构造新的专用工具包。

1.2.3　相关信息

MathWorks公司1993年推出了MATLAB 4.0版，1997年推出5.0版，目前已推出了MATLAB 7.0.1.24704版本，其工具包齐全，并更新了大量的工具包。MATLAB 7.0.4 R14 SP2版本主要是增加了分布式运算工具箱和分布式运算引擎，并更新了生物信息学工具箱。MATLAB的最新信息可以从MathWorks公司的网站http://www.mathworks.com/获得。

1.3　Maple

1.3.1　Maple概况

Maple是加拿大Waterloo大学研制的一种计算机代数系统，是该大学后来与Waterloo Maple Software公司注册的一套为微积分、线性代数和微分方程等高等数学使用的软件包。经过近20年的不断发展，Maple已成为当今世界上最优秀的几个数学软件之一，它以良好的使用环境、强有力的符号计算能力、高精度的数学计算、灵活的图形显示和高效的可编程功能，可以胜任十分广泛的符号和数值分析任务。

现在Maple在科学研究和商业领域已经被广泛应用，是开发最早、应用最广泛的计算机代数软件系统之一，为越来越多的教师、学生和科研人员所喜爱，并成为他们进行数学处理的工具。

1.3.2　Maple 的特点与功能

Maple 是一个应用广泛的符号计算软件，它拥有强大的功能，集符号运算、数值计算、可视化和程序设计于一体，包含了近 3000 个函数的数学函数库（简称函数库）和程序包，适用于解决微积分、解析几何、线性代数、微分方程、计算方法、概率统计等数学分支中的常见计算问题。

Maple 软件主要由以下 3 部分组成：用户界面（Iris）、代数运算器（Kernel）、外部函数库（External library）。Maple 的大部分数学函数和过程是用 Maple 自身的语言写成的，存于外部函数库中，当一个函数被调用时，在多数情况下，Maple 会自动将该函数的过程调入内存，一些不常用的函数才需要用户自己将它们调入。另外，一些特别的函数包也需要用户自己调入，如线性代数包、统计包，这使得 Maple 可以在较小内存的计算机上正常运行，在资源的利用上具有很大的优势。

Maple 不但具有精确的数值处理功能，而且具有符号计算功能，Maple V 的符号计算能力还是 MathCAD 和 MATLAB 等软件的符号处理核心。

Maple 采用字符行输入方式，输入时需要按照规定和格式输入，虽然与一般常见的数学格式不同，但灵活方便，也很容易理解；输出则可以选择字符方式和图形方式，产生的图形结果可以很方便地剪贴到 Windows 应用程序内。

1.3.3　相关信息

Maple 的第一个商业版本 Maple 3.3 于 1985 年问世，起初并不为人们所注意，但这个软件发展很快，几经更新，随着 Windows 下的 Maple V Release 2（即 5.2 版）面世，Maple 被广泛地使用。特别是 1994 年 Maple VR3 出版后，兴起了 Maple 热，1996 年初 Maple VR4 出版，1998 年初 Maple VR5 出版。目前，Maple 的最新版本是 Maple V11。Maple Software 公司的网站为 http://www.maplesoft.com/。

1.4　其他数学软件

1.4.1　MathCAD

MathCAD 是美国 Mathsoft 公司于 1989 年推出的一套数学应用软件，它集文本编辑、数学计算、程序编辑和仿真于一体，是一种具有多种功能、交互式强且应用十分广泛的应用软件。

MathCAD 可以看做一个功能强大的计算器，没有很复杂的规则，用户可以通过 MathCAD 直接进行各种数学计算。例如，代数运算、三角函数运算、解方程、生成各种随机数、积分运算、求导和微分的运算、矩阵运算、解不等式、分解因式等等。除了这些较为基本的数学运算，用户还可以进行各种数理统计工作并且生成图形，也可以生成其他各种曲线或图形及数学表格，还可以进行线性回归、各种矢量运算和复数运算等等。

MathCAD 不仅仅是一套在数学计算和数值分析方面很全面和方便的软件，在自然科学的其他领域也具有十分广泛的应用。MathCAD 的使用操作十分简单，用户主要针对具备应用数学知识但并不要求具有较多的计算机知识的用户，如工程研究人员、学生等，在应用上比较适合对数值精度要求不高、计算方法不作特别要求的情况。

MathCAD 从早期的低版本，到现在的 8.0 版本，从最初的简单数值计算，发展到能够应用 Maple 强大的符号计算能力，功能上发生了一个质的飞跃。MathCAD 的网站为：http://www.mathsoft.com/。

1.4.2　SCILAB

SCILAB 是 Scientific Laboratory（科学实验室）的缩略写法，它是法国国家计算机科学与控制研究院 INRIA 开发的科学计算自由软件，其最显著的特色是完全免费且源代码全部公开。

SCILAB 主要应用于系统控制及信号处理上，它具有丰富的工具箱，可以处理 2D 及 3D 绘图和动画、线性代数的稀疏矩阵处理、多项式及有理式的处理、常微分方程式（使用 ODEPACK）、微分代数方程式（使用 DASSL），以及动态系统仿真、信号处理等等。

SCILAB 在 Windows 9X/NT/2000/XP 下都有相应的运行版本，也可以在多种平台下运行，例如 Linux、Macintosh、Sun Solaris 等系统。

由于 Scilab 是开放源码的，所以用户很容易在其中增加自已的代码，从而扩充 SCILAB 的功能，也可以在自已的程序中调用 SCILAB 子程序，以扩充自己程序的功能。SCILAB 的所有安装文件、源代码和文档等都可从其官方网站 http://www-rocq.inria.fr/scilab/上下载得到。

1.4.3　SAS

SAS 是 Statistical Analysis System（统计分析系统）的缩略写法，是一个大型集成软件系统，具有完备的数据存取、管理、分析和显示功能，为不同的应用领域提供了卓越的数据处理功能。SAS 是美国使用最广泛的三大著名统计分析软件（SAS，SPSS 和 SYSTAT）之一，是目前国际上最流行的一种大型统计分析系统。在数据处理和统计分析领域，SAS 系统被誉为国际上的标准软件系统。SAS 已被广泛应用于政府行政管理、科研、教育、生产和金融等不同领域，并且发挥着重要的作用。

SAS是数据管理和分析软件包，能够完成各种统计分析、矩阵运算和绘图等。SAS采用模块式设计，各项功能由功能模块完成。其中BASA模块为必需模块，其他模块可任选。供选择的模块包括统计（STAS）、矩阵运算（IML）、绘图（GRAPH）和全屏幕操作（FSP）等30多个，用户可根据需要选择不同的模块组合。SAS把数据存取、管理、分析和展现有机地融为一体。主要特点如下：

（1）功能强大，统计方法齐全。

SAS提供了从基本统计数的计算到各种试验设计的方差分析，相关回归分析以及多变数分析的多种统计分析过程，分析方法的实现通过过程调用完成，许多过程同时提供了多种算法和选项。例如方差分析中的多重比较，提供了包括LSD，DUNCAN，TUKEY测验在内的10多种方法；回归分析提供了包括STEPWISE，BACKWARD，FORWARD，RSQUARE等多种自变量选择方法。对于中间计算结果，可以全部输出、不输出或选择输出、也可存储到文件中供后续分析过程调用。

（2）使用简便，操作灵活。

SAS以一个通用的数据步产生数据集，然后调用过程得到各种数据分析。其编程语句简洁短小，通常只需几个语句即可完成一些复杂的运算，操作也比较智能化，操作非常灵活。

SAS系统由美国北卡洛莱纳州州立大学在1966年开始研制，1976年由美国SAS软件研究所实现商品化，1985年推出了SAS的PC版本，之后又推出6.X版，以后的版本均可在Windows下运行，目前最高版本为SAS 9.X版。SAS支持多种硬件平台，在大、中、小与微型计算机和多种操作系统（如UNIX，Windows和DOS等）下均可运行。SAS网站为：http://www.sas.com/。

除上述几种数学软件外，还有不少规模较小的数学软件，例如：求解数学规划问题的优化计算软件LINDO、线性代数计算子程序包LAPACK、执行向量和矩阵运算的子程序包BLAS，以及解线性方程和线性最小二乘问题的子程序包LINPACK，等等。

1.5 几种数学软件比较

以上介绍了一些目前较为流行的数学软件。在当今30多个数学类科技应用软件中，就软件数学处理的原始内核而言，可分为两大类：一类是数值计算型软件，如MATLAB、Xmath、Gauss等，这类软件长于数值计算，对处理大批数据效率高；另一类是数学分析型软件，如Mathematica、Maple等，这类软件以符号计算见长，能给出解析解和任意精确解，其缺点是处理大量数据时效率较低。同类数学软件既有共同的特点，又有较大的差别。下面是几种常用科学计算类软件的比较。

共有的特点：

（1）从功能上看，科学计算类软件都具有以下几大基本功能，即能够进行数值计算、符号运算，以及利用图形技术绘图和实现计算可视化，同时也具有高效的可编程功能。

（2）从使用上看，这些数学软件一般都是交互式的，人机界面友好，用户可通过键盘输入命令，系统计算后显示结果。命令输入方便灵活，容易寻求帮助，结果的输出有多种形式，在输入输出上都提供了人们习惯的数学符号表达形式。

（3）这些软件适用于不同层次的用户，初学者只要具有一定的数学概念知识，就可以较快地掌握其基本操作，高级用户可用于完成各种复杂的数据处理。这些软件既可处理一些比较基本的数学计算，也可用于研究解决工程计算领域中的问题。

（4）随着计算机人工智能的发展，数学软件在向着智能化、自动化方向发展，各个系统都在不断地发展完善，不断地更新换代，更新的速度也在逐渐加快。

但是，这些通用的数学软件也各有特色，在功能上各有优势：

（1）在数值运算方面，MATLAB 的功能最强，是最好的科学数值求解工具。MATLAB 对很多领域的问题均有领域专家编写的工具箱，可以高效、可靠地解决各种各样的问题。

（2）在符号演算方面，Mathematica 的符号运算能力与解析能力是最强的。它的运行结构由核心系统与前端系统构成，两个系统既合作又独立，是个优秀的结构。Maple 与 Mathematica 类似，拥有强大的数值计算和符号计算能力，但 Maple 的符号运算能力弱于 Mathematica。MATLAB 的符号运算工具箱利用了 Maple 作为其符号运算引擎，能直接求解常用的符号运算问题。

由此可见，各种数学软件在各自针对的目标上都有不同的特色。选用何种数学软件，还需从用户本身、应用范围等多方面考虑。如果仅仅是要求一般的计算或者是普通用户日常使用，首选 MathCAD，它在高等数学方面所具有的能力，足够满足一般用户的要求，而且它的输入界面也特别友好。如果要求计算精度、符号计算和编程，最好选用 Maple 或 Mathematica，它们在符号处理方面各具有特色，Maple 基本上是为中学生与大学生学习研发的，不足以进行物理与技术科学的演算；而 Mathematica 是最好的符号演算工具，有些 Maple 不能处理的，Mathematica 却能处理，如求某些积分、求极限等。如果要求进行矩阵方面或图形方面的处理，则选择 MATLAB，矩阵计算和图形处理方面是其强项，同时利用 MATLAB 的 NoteBook 功能，结合 Word 的编辑功能，可以很方便地处理科技文章。

综上所述，数值类数学软件 MATLAB 最好最全，符号分析类数学软件 Mathematica 最好。MATLAB 长于数值运算，其程序结构类似于其他计算机语言，因而编程很方便。Mathematica 和 Maple 有强大的解析运算和数学公式推导、定理证明的功能，相应的数值计算能力比 MATLAB 要弱，更适合于纯数学领域的计算机求解。

1.6　数学软件与数学实验

目前，在数学教学改革的影响下，数学实验课越来越受到重视，很多高校已经把数学实验开设为数学专业的必修课，或非数学专业的选修课。

什么是数学实验？数学实验的目的是什么？如何做数学实验？这些都是我们在学习和研究现代数学经常思考并不断探索的问题。

所谓数学实验，就是利用计算机进行科学计算及统计分析，使数学的思想方法及算法在计算机上实现，通过计算观察结果。比如说，我们利用计算机求得方程的解，或用计算机画出一个函数的图像进行观察，就是一个数学实验，数学实验可以是验证、求解的，也可以是研究开发性的。

数学实验是学习和科研的一种重要方法，现代数学越来越注重应用，开设数学实验课正是为了加强学生的动手能力，提高“用数学”的能力。数学实验是一种有用的学习手段，通过对特定例子的计算和观察，可帮助我们直观地理解非常抽象的数学内容，了解它的应用背景，激发学生学习数学的兴趣。同时，数学实验是一种有效的科研方法：将一堆数据可视化，或者选择有代表性的特定实例进行观察，从中发现和归纳出有意义的规律并进行理论论证，这种研究方法广泛地被科学工作者采用。

数学实验的实验平台是计算机和数学软件。进行数学实验的前提是掌握一种有用的数学软件，因为数学实验就是要在掌握了一定的数学概念、数学方法的基础上，把原来用纯数学方式描述数学问题，转为用计算机数学语言来描述，通过数学软件求得各种数学问题的解，重点侧重于用计算机数学语言直接求解数学问题的方法论，而不是该问题的数学理论。

因此掌握数学软件将提高我们处理数学问题的能力，加深对数学理论及数学概念的理解，从而激发学习数学、应用数学的兴趣，使得原来看起来无从下手的高深应用数学问题的实际求解变得轻而易举。而学习一种数学软件的最好方式不是死记硬背一大堆命令或函数名，而是在掌握基本概念的基础上，学会利用系统的帮助，动手做几个实例，通过对实例的编程，熟悉和掌握软件的特点，并不断地加以扩充。

习题一

1. 试述数学软件的主要功能。
2. 三大数学软件 Mathematica、MATLAB 与 Maple 在功能上、使用上的主要区别有哪些？
3. 试述数学软件在数学实验中的应用。

第二部分

Mathematica 篇

第 2 章　Mathematica 基础

2.1　系统概述

Mathematica 是由美国 Wolfram 公司研究开发的一个著名的数学软件，它在数值计算、符号计算、图形技术等方面有很强的功能，能够完成符号运算、数值运算和数学图形绘制等多种操作。

Mathematica 是包括一系列组件的集成系统，这些组件包括：数值和符号运算引擎、图形系统、程序语言和文档系统。Mathematica 包括了广泛和全面的函数系统，涉及数学、物理、工程和金融等领域。Mathematica 函数适用于任何规模和精度的数值，不仅能作简单的计算，直接作出给定函数的图像、计算积分值、求微分方程的数值解，还能计算函数的极限、导数、不定积分、求微分方程的通解，并能进行符号的计算和图形的表示。Mathematica 具有如下特点：

（1）Mathematica 是一个功能强大、操作简单且容易学习的程序语言，它提供丰富的帮助功能，让用户在学习中随时可求得帮助。

（2）Mathematica 具有高阶的演算方法和丰富的数学函数库，不但可以做数值计算，还提供最优秀的符号运算，可以快速地求解微积分、线性代数、微分方程、复变函数、数值分析、概率统计等问题。

（3）Mathematica 可以绘制各专业领域相关函数图形，提供丰富的图形表示方法，使演算结果可视化。

（4）Mathematica 可编排专业的科学论文期刊，使运算与排版在同一环境下完成，提供高品质可编辑的排版公式与表格、屏幕及打印的自动最佳化排版，并且对 . txt、. html、. pdf 等格式的输出提供了最好的兼容性。

（5）可与 C、C + + 、Fortran、Perl、Visual Basic 以及 Java 结合，提供强大高级语言接口功能，使得程序开发更方便。

与此前的版本相比，Mathematica 5. X 针对目前的软硬件计算环境进行了一些有用的升级，比如能够支持 64 位计算，运行于 Windows XP Professional x64 Edtion 或 Mac OS X

10.4 Tiger 等 64 位操作系统时可以对超过 4.3GB 的内存空间进行寻址，同时，能够对多核心或多处理器系统提供更好的支持。此外，Mathematica 5.X 对网格计算和并行计算的支持使我们可以利用多台计算机资源分工协作完成某项计算任务。总的来说，新版本的 Mathematica 将能满足更大规模项目的计算需求。

2.2　Mathematica 的基本功能

如上所述，Mathematica 软件的主要功能为：

（1）数值计算。可计算函数值、积分值，也可求微分方程的数值解等。

（2）符号运算。可计算函数的极限、导数、不定积分、求微分方程的通解等。在这以前，计算机只能作数值计算，不能作符号运算。

（3）绘制函数图形。系统可根据输入函数及其作图参数绘制出该函数的图形，甚至还可进行动画制作。

此外，Mathematica 还可作程序设计，以解决复杂问题。以下列举几个简单的实例，使我们领略一下运用 Mathematica 求解数学问题的能力与方法。

例 1　数值计算。分别计算：（1）$3.5-\frac{4}{7}$；（2）$\sin\frac{3\pi}{2}+e$。

（1）In[1]：=3.5－4/7

Out[1]=2.92857

（2）In[2]：=$\mathrm{Sin}\left[\frac{3\pi}{2}\right]+e$

Out[2]=－1+e

例 2　符号运算。对下面的式子作因式分解：$x(y+z)^2+y(z+x)^2+z(x+y)^2-4xyz$。

In[3]：= Factor[x (y + z)^2 + y (z + x)^2 + z (x + y)^2 － 4x y z]

Out[3] = (x + y)(x + z)(y + z)

例 3　函数图形处理。作出函数 $f(x)=x^3-x^2-x+1$，$x\in[-2,2]$ 的图形。

```
In[4]:= Plot[x^3 - x^2 - x + 1, {x, -2, 2}]
```

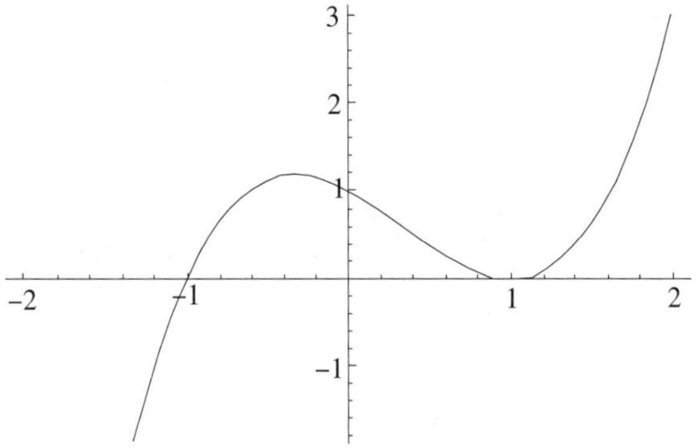

Out[4] = - Graphics.

例 4 程序设计。列出前 50 个自然数的和，及这些自然数的积。

根据题意，编写程序如下：

```
s = 0;m = 1;
For [i = 1, i < =50, i + +,
    s = s + i;m = m * i;]
Print["sum = ", s]
Print["mult = ", N[m, 4]]
```

运行结果为：

sum = 1275

mult = 3.041×10^{64}

2.3 系统界面简介

Mathematica 的安装类似于 Windows 的应用程序的安装，故关于系统安装本书不赘述。

运行 Mathematica 系统后，将出现系统窗口（图 1.1），该窗口划分为 3 个区域：系统主菜单、工作窗口和基本输入模板。

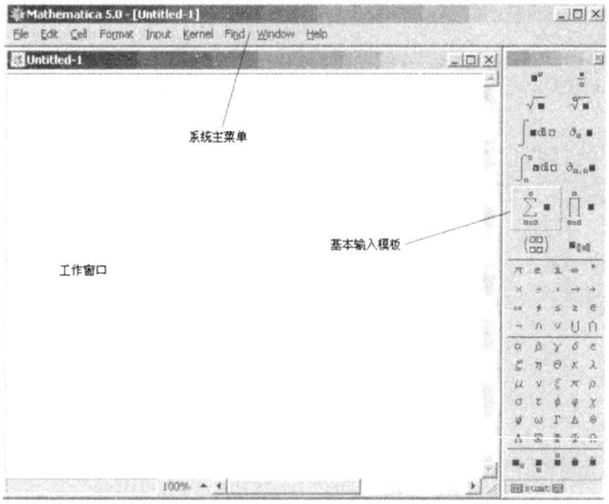

图 1.1　系统窗口

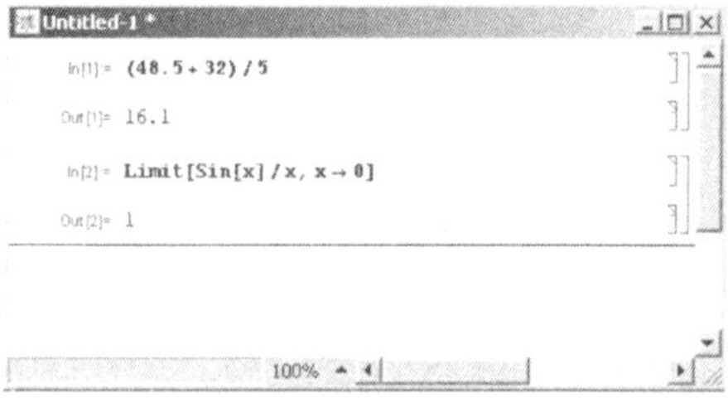

图 1.2　工作窗口

1. 系统主菜单

Mathematica 的系统主菜单与通常的 Windows 应用程序一样，位于屏幕的上方，系统菜单上的大部分功能含义也类似于通常的应用程序，因而只需了解一些 Mathematica 特有的常用的菜单项即可。

（1）File 菜单。

Palettes：打开系统输入平台，可选择各种计算模板，每一种模板中提供了相应的数学计算符号。其中：

Generate Palette from Selection：可用于生成用户定制的输入模板。

（2）Cell 菜单。

在工作窗口中，每一次的输入和输出，都构成 Mathematica 的单元（cell），每个单元在右侧用“]”来标识。单元菜单主要用于设置单元属性、单元的组合与分裂，以及单元内容表现形式的转换等。其中：

Convert to：转换所选单元的内容为指定形式。

Cell Properties：设定单元的属性，如可否打开、编辑、复制、计算、激活等。

（3）Format 菜单。

Mathematica 的工作窗口可视为一个笔记本，Format 菜单中各子项允许用户设置字体、字型及字符颜色等，使笔记本显示各种不同风格。

（4）Input 菜单。

Input 菜单可使用户输入工作变得简单和规范。其中：

Creat Table/Matrix/Palette：创建表/矩阵/输入模板。

（5）Kernel 菜单。

Mathematica 系统的核心程序是 Mathematica Kernel，Kernel 菜单主要用于控制单元和笔记本中的各种运算及其结果，并指定、配置、启动和退出所用的核心功能。其中：

Show In/Out Names：显示输入/输出名，即可选择是否显示 In[ ]和 Out[ ]。

Delete All Output：删除由内核所生成的输出单元。

2. 工作窗口

Mathematica 的交互式界面使我们可以将 Mathematica 看作一个功能更强大的科学计算器，如图 1.2 所示。

· 输入　一般由键盘直接输入，但有些式子和符号需要用输入模板输入。

· 执行　按 Shift + Enter 鍵，或小键盘上的 Enter 键。

· 结果　系统自动在输入的式子前面加上“In[n]:=”，表示第 n 次输入，在输出结果前面加上“Out[n]:=”，表示第 n 次的输出。

在工作窗口中，每一次的输入和输出，都构成一个单元，一次的输入和输出又构成一个更大的单元。单元被选择后可进行复制、删除等操作。

图 1.2 所示的工作窗口是两个计算的例子，在主工作窗口输入“（48.5 +32）/5”后，同时按 Shift 和 Enter 键，系统会显示结果“16.1”。而如果输入“Limit[Sin[x]/x, x ->0]”，执行后，系统将求得函数的极限，即 $\lim\limits_{x\to 0}\frac{\sin x}{x}=1$。

3. 基本输入模板

Mathematica 的基本输入模板提供了几类数学专用符号，有求和、各种微分、积分符号，以及矩阵等数学公式中的函数符号和运算符号。常用的分式、根式、求和、求导、求积等键盘上无法输入的式子可通过输入模板输入。例如，需要输入 $\int_1^{\infty}\frac{1}{x^3}\mathrm{d}x$ 时，操作如下：点击基本输入模板中的定积分图标，在工作窗口中将出现定积分符号，输入定积分的范围，输入积分函数$\frac{1}{x^3}$时，再点击输入模板中分式和指数的图标即可。

2.4 Mathematica 的基本语法

Mathematica 系统有其特定的语法要求，掌握基本的语法要求对于系统的运用非常重要。

（1）Mathematica 中区分大小写，自定义的变量名最好用小写，以避免与系统变量冲突。

（2）系统所提供的功能大部分以系统内部函数的形式给出，内部函数一定是以大写英文字母开头，如 Sin[x]、Limit[f, x ->0]等等。

（3）4 种括号的用法：

（ ）：表示项的结合顺序，如(x + (y^x + 1/(2 * x)))

[ ]：用在函数中，表示函数的参数，如 Log[x]，Limit[f, x]

{ }：表示一个“表”（一组数字、任意表达式、函数等的集合），如{2 * x, Sin[12 * Pi], {1 + a, y * x}}, Integrate[f, {x, a, b}]

[[ ]]：表示“表”或“表达式”的下标，如 {1, 2, 3}[[1]]

（4）变量、常量的乘法既可以用 *，又可以用空格表示，如 2 3 = 2 * 3 = 6，x y，2 Sin[x]等；而矩阵的乘法用“ · ”，例如矩阵 m · n。

（5）Mathematica 的一个语句可以分为多行写，也可以多个语句写在同一行，语句间以分号间隔。当语句以分号结束时，表示运算但不显示结果（输出语句除外），如果一行的语句过长时，Mathematica 会自动换行。

（6）注释语句的符号为：(* 注释内容 *)

2.5 Mathematica 的基本量

Mathematica 的基本量包括数、变量、函数，以及表达式等。

2.5.1 数的表示与算术运算

利用 Mathematica 进行算术运算就如同使用计算器，只要直接在工作窗口输入运算式子，执行后即得运算结果，例如：计算 29 + 80.3/(2 * 3.56)。

```
In[1]:=29 + 80.3/(2 * 3.56)
Out[1] =40.2781
```

在 Mathematica 中，进行算术运算必须注意下面几点：

（1）运算符号与运算优先级。

Mathematica 中算术运算的运算符号与运算优先级与常规的算术运算相同，即运算符号分别有：加法（+）、减法（-）、乘法（* 或空格）、除法（/）及乘方（^），优先级是乘方→乘法或除法→加法或减法，圆括号改变运算优先次序。

（2）系统常数。

Mathematica 定义了一些系统常数，表 2.1 是常用的系统常数：

表 2.1 常用系统常数

系统常数	含 义
Pi	圆周率 π 的精确值
E	自然对数的底 e
I	复数单位
Degree	角度 1° = π/180
Infinity	无穷大
Indeterminate	表示不确定值

(3) 数的精度。

在 Mathematica 中，数值计算总是以绝对精确的形式输出结果，例如：

In[2]: =768/234

Out[2] $=\frac{128}{39}$

In[3]: =N[768/324, 6]

Out[3] =3.28205

In[2]中输入 768/234，系统会输出 128/39，这是精确值，如果想得到近似解，可以指定输出精度，如 In[3]中输入 N[768/234, 6]，即计算其 6 位有效数字的数值解，系统会输出 3.28205。此外，Mathematica 还可以根据前面使用的数字的精度自动地设定精度。

Mathematica 可以处理任意大、任意小及任意位精度的数值，如 100^{7000}，2^{-2000} 等数值可以很快地计算出来，这是 Mathematica 在数值处理精度方面的优势。

(4) 数的类型。

Mathematica 中把实的近似数称为实数（Real），近似数用带有小数点的数表示，如：3.20、$4.2*10^8$，而准确数包括整数、有理数、幂和符号数等。

在数的运算中数的类型将自动转换，转换方向为：整数→有理数→实数→复数，例如实数与有理数相加，结果为实数：

In[4]: =3.20 +3/4

Out[4] =3.95

(5) 输出结果的利用。

运算过程中当需要使用前面输出的结果时，可以使用以下的符号：

%n 表示第 n 次的输出，即 Out[n]的内容。特别地，% 表示上一次的输出结果，而%% 表示倒数第 2 次的输出结果。例如：

```
In[5]:=3+π
Out[5]=3+π
In[6]:=N[%, 4]
Out[6]=6.142
In[7]:=%5-%4^2
Out[7]= -9.46091
```

2.5.2　变量

Mathematica 中自定义的变量名是区分大小写的，用户命名变量时最好用小写。

1. 变量的赋值与查询

变量的值可以是数值，也可以是已赋值的变量，或者是表达式。例如：

```
In[1]:=p=a x^2+b x+c
Out[1]=c+b x+a x²
In[2]:=x=y=34
Out[2]=34
In[3]:=a=10;b=23;c= -4
Out[3]= -4
In[4]:={a, b, c} ={10, 23, -4}
Out[4]={10, 23, -4}
In[5]:=p
Out[5]=12338
```

In[1]给变量 p 赋值为算式 ax^2+bx+c，In[2]给多个变量赋予相同的值，In[3]和In[4]的作用相同，都是给多个变量分别赋值，In[5]再求 p 的值。

查询变量操作为:?　变量名

其中变量名可以是具体的变量，如 x；也可以是以某些字母打头的所有变量，如 ab *，表示以 ab 打头的所有变量；还可以是 Global`*，代表已经使用的全部变量。例如：

```
In[6]:=a=2; v1=a x^2-1; v2=23*v1; r=a+b;
In[7]:=?r
        Global`r
        r=25
In[8]:=?v*
Global`
v1   v2
In[9]:=?Global`*
Global`
```

a b c p r v1 v2 x y

2. 变量的清除

变量赋值后，在后面的运算中一直有效，除非取消该变量的赋值或直接把变量清除掉。例如：

```
In[10]:=x=.
In[11]:=p
Out[11] = -4+23x+2x^2
In[12]:=Clear[a, b, c]
In[13]=Remove[x]
```

In[10]是清除 x 的赋值，但保留变量 x，在 Out[11]中可看到 x 仅作为一个变量，In[12]同时清除多个变量的赋值，In[13]直接清除变量 x。

在 Mathematica 中，如果不处理好前面的变量，将会影响后面运算的结果，所以清除一些变量甚至全部变量有时是必要的，可以使用下面两个函数：

Clear["Global`*"]	清除所有变量的值，保留变量
Remove["Global`*"]	清除所有的变量，其中“Global`*”表示所有全局变量

要注意的是，即使多打开几个工作窗口，前面使用过的变量仍然有效，所以如果感觉到使用的变量比较混乱时，可以退出 Mathematica 系统，重新启动，也可以起到清除所有变量的作用。

2.5.3 函数

Mathematica 的各种操作主要通过函数来实现，因此学习 Mathematica，就必须了解和掌握 Mathematica 的函数及其使用方法。Mathematica 的函数分为两类，一类是系统函数，包括 Mathematica 本身的内部函数，和系统自带的软件包中的函数，另一类是用户自定义的函数。本小节先介绍 Mathematica 本身的内部函数，其他函数将在第 6 章中介绍。

Mathematica 的内部函数也可分为两类，一类是纯数学函数，即具有严格意义的数学函数，另一类是功能性函数，即具有操作性的函数。这里仅介绍一些常用的内部函数。

1. 纯数学函数

（1）基本初等函数。

表 2.2　基本初等函数

函数格式	函数功能
Exp[x]	以 e 为底的指数函数，即 e^x
Log[a, x]	以 a 为底的对数函数，即 $\log_a x$
Log[x]	以 e 为底的自然对数，即 $\ln x$
Sin[x]	正弦函数
Cos[x]	余弦函数
Tan[x]	正切函数
Cot[x]	余切函数
Sec[x]	正割函数
Csc[x]	余割函数
ArcSin[x]	反正弦函数
ArcCos[x]	反余弦函数
ArcTan[x]	反正切函数
ArcCot[x]	反余切函数
ArcSec[x]	反正割函数
ArcCsc[x]	反余割函数

（2）双曲函数与反双曲函数。

表 2.3　双曲函数与反双曲函数

函数格式	函数功能
Sinh[x]	双曲正弦函数
Cosh[x]	双曲余弦函数
Tanh[x]	双曲正切函数
Coth[x]	双曲余切函数
Sech[x]	双曲正割函数
Csch[x]	双曲余割函数
ArcSinh[x]	反双曲正弦函数
ArcCosh[x]	反双曲余弦函数
ArcTanh[x]	反双曲正切函数
ArcCoth[x]	反双曲余切函数
ArcSech[x]	反双曲正割函数
ArcCsch[x]	反双曲余割函数

下面是这些函数的一些用法：

```
In[1]:=Log[Sin[π/3]+Cos[π/2]]
Out[1]=0
In[2]:=Sin[30Degree]-ArcTan[1]
```

Out[2] $=\frac{1}{2}-\frac{\pi}{4}$

2. 功能性函数

功能性函数可以实现某项具体的操作，下面是一些简单且常用的功能性函数：

表 2.4 常用功能性函数

函数格式	函数功能
Sqrt[x]	x 的算术平方根，即$\sqrt{x}$
Abs[x]	x 为实数时求绝对值，x 为复数时求模
Sign[x]	符号函数
Random[]	产生一个 0 到 1 之间的随机数
Round[x]	最接近于 x 的整数
N[x, n]	求 x 的近似值，n 为精确度
n!	n 的阶乘
Binomial[n, m]	求 c_n^m
GCD[n_1, n_2, …]	求 n_1，n_2，…的最大公约数
LCM[n_1, n_2, …]	求 n_1，n_2，…的最小公倍数
Re[x]	求复数 x 的实部
Im[x]	求复数 x 的虚部
Arg[x]	求复数 x 的辐角
Conjugate[x]	求复数 x 的共轭数

例如：

```
In[3]:=10!/Binomial[10, 8]
Out[3]=80640
In[4]:=GCD[18, 48, 66]
Out[4]=6
```

除上述函数外，还有很多运算函数，如多项式的展开、因式分解、求导、求积分等运算，都通过函数来实现，在后面的章节中将详细介绍这些函数。

2.5.4 表达式

Mathematica 的算式就是一个表达式，其构成元素可以是数、变量或者函数。

1. 表达式的输入

表达式的输入一般有几种方法：

（1）直接从键盘输入。

数值、简单符号及式子通常都由键盘直接输入，例如：a * x^2 + b * y。

（2）利用输入模板输入。

除了前面 2.3 小节中介绍的利用基本输入模板输入外，还可以利用 Palette 菜单输入，具体操作为：在 File→Palettes 中，提供了几类的输入符号，有求和、各种微分、积分符号，以及矩阵等数学公式中的函数符号和运算符号。常用的分式、根式、求和、求导、求积等键盘上无法输入的式子可通过输入模板输入。

2. 变量替换

Mathematica 对于表达式有一个变换规则，就是把一个表达式里的某些变量用另外的变量或表达式替换，从而得到一个新的表达式。例如：

```
In[1]:=x^3 -2x^2 +x -1/. x- >5
Out[1] =79
In[2]:=x^3 -2x^2 +x -1/. x→y^2 -1
Out[2] = -2 +y^2 -2( -1 +y^2)^2 +( -1 +y^2)^2
In[3]:=Simplify[%]
Out[3] = -5 +8y^2 -5y^4 +y^6
```

其中 In[1]是在表达式 x^3 -2x^2 +x -1 中，x 的值取 5，结果为 79，而 In[2]是用另一个代数表达式 y^2 -1 来替换其中的变量，In[3]对所得结果作化简。

要注意的是，这种变量的替换与变量的赋值是有区别的，变量的替换仅在当次运算中有效，而变量在赋值后只要没有改变赋值，就一直有效。

2.6 Mathematica 的文件形式

如果需要保存工作窗口的内容时，可把内容保存到一个文件中，或者在退出 Mathematica 时，系统也会询问是否需要保存窗口内容，保存的文件一般是 Notebook 类型文件，扩展名为 . nb。

也可以只保存某些变量的赋值，操作为：

（1） x >> “filename”，将变量 x 的赋值保存到名为 filename 的文件中。

（2） x >>> “filename”，将变量 x 的赋值添加到指定的文件中。

（3） Save[“filename”，x1，x2，…]，将变量 x_1，x_2，…的赋值添加到指定的文件中。

例如：

In[1]: = $u = e^{\sqrt{3}}$; $v = \left(1 + \frac{1}{n}\right)^n$; $w = u * \mathrm{Sin}\left[\frac{\pi}{3}\right]$;

```
In[2]: = u >> eval1
In[3]: = !! eval
        E^Sqrt[3]
In[4]: = Save["eval2", u, v]
In[5]: = !! eval2
        u = E^Sqrt[3]
        v = (1 + n^(-1))^n
In[6]: = w >>> eval2
In[7]: = !!eval2
        u = E^Sqrt[3]
        v = (1 + n^(-1))^n
        (Sqrt[3] * E^Sqrt[3])/2
```

其中 In[2]、In[6]分别把变量 u、w 保存在指定文件中，文件名可省略双引号，In[4]也是把变量保存在指定文件中，但文件名的双引号不能省。In[3]、In[5]及 In[7]分别是查看文件的内容，可看到在保存形式上有些差别，比如带不带变量名，显示的数学表达式变成了文本形式。

调入 notebook 类型文件，可以通过系统主菜单的 File→Open 调入相应的文件，也可以通过如下操作调入：

“ << 文件名”将指定文件调入并运行。例如：

In[1]: = << eval2

Out[1] = $\frac{1}{2}\sqrt{3}e^{\sqrt{3}}$

In[2]: = ? Global`*

Global`

n u v

In[3]: = ? u

Global`u

$u = e^{\sqrt{3}}$

Mathematica 还有一种程序文件，扩展名为 . m，是标准的文本文件，在后面第 6 章

Mathematica 程序包中再作介绍。

习题二

1. 练习输入下列各式：

(1) $\sqrt{3}+\sqrt{12}+\sqrt{24}$；(2) $\log_5 135$；(3) $e^{-i\pi^2}$；(4) $\cos\left(\sin^{-1}\left(\frac{x^2}{x^2+1}\right)\right)$。

2. 计算下列各式的值（到 10 位精度）：

(1) 624^8；(2) $\sqrt{\pi^2+1}$；(3) $\sin 25° + \cos 25°$；(4) $\log_5 \sqrt{2\pi-1}$；

(5) $\ln(e^{-2}+\sqrt{13})$；(6) $\arctan(\log_2(e+\pi))$。

3. 分别计算 c_{10}^{7} 和 3!!/20!，并把结果保存在一个文件中。

第 3 章　Mathematica 的基本运算

Mathematica 系统具有很强的数学运算能力，主要表现在数值计算和符号演算方面。其中数值计算包括多项式和有理分式运算、数值积分、线性代数（解方程、向量矩阵）、概率与数理统计等数据统计分析，以及优化处理等。符号运算包括代数运算、微积分和线性代数等运算。

简单的数学运算在前面一章中已经作过介绍，本章主要介绍代数运算（多项式和有理分式运算）、表的运算以及方程的求解。

3.1　代数运算

代数运算是符号运算中最基本的运算，代数运算包括多项式的展开、因式分解，以及化简等运算，本节介绍 Mathematica 中进行代数运算的函数及相关的运用。

3.1.1　多项式的运算

多项式是特殊的表达式，表达式的各种运算都可以运用在多项式的运算中。多项式的运算一般包括多项式的展开、因式分解、合并同类项，Mathematica 针对多项式的这些运算，提供了一些函数，使对多项式的运算更直接更方便。下面分别介绍这些运算函数的用法。

1. 多项式的展开

多项式的展开函数如表 3.1 所示。

表 3.1　多项式展开函数

函数格式	函数功能
Expand[expr]	按幂次展开多项式 expr
ExpandAll[expr]	展开 expr，包括展开分子和分母
ExpandNumerator[expr]	仅展开分式的分子
ExpandDenominator[expr]	仅展开分式的分母
Expand[expr, patt]	展开与 patt 匹配的表达式 expr
PowerExpand[expr]	将 $(xy)^n$ 分解成 $x^n y^n$ 的形式

例 1　展开 $(4x^2+1)^3(x^3-2x)^2$ 和有理式 $\dfrac{(x^2+3x-4)(x^2-4x)}{(x-2)(x^2-1)}$。

In[1]: = Expand[(4x^2 + 1)^3(x^3 - 2x)^2]

Out[1] = $4x^2+44x^4+145x^6+76x^8-208x^{10}+64x^{12}$

函数 Expand 把多项式展开，并按 x 幂次的顺序排列。

In[2]: = e1 = $\dfrac{(x\hat{}2+3x-4)(x\hat{}2-4x)}{(x-2)(x\hat{}2-1)}$;

In[3]: = Expand[e1]

Out[3] = $\dfrac{16x}{(-2+x)(-1+x^2)}-\dfrac{16x^2}{(-2+x)(-1+x^2)}-\dfrac{x^3}{(-2+x)(-1+x^2)}+\dfrac{x^4}{(-2+x)(-1+x^2)}$

上述 e1 是有理式，即分子分母都为多项式的分式，对于有理多项式，还可以利用下列函数进行展开：

In[4]: = ExpandAll[%]

Out[4] = $\dfrac{16x}{2-x-2x^2+x^3}-\dfrac{16x^2}{2-x-2x^2+x^3}-\dfrac{x^3}{2-x-2x^2+x^3}+\dfrac{x^4}{2-x-2x^2+x^3}$

其中 In[4]对分式的分子和分母都作了展开，下面是只对分式的分子或分母展开的例子：

In[5]: = {ExpandNumerator[e1], ExpandDenominator[e1]}

Out[5] = $\left\{\dfrac{16x-16x^2-x^3+x^4}{(-2+x)(-1+x^2)}, \dfrac{(-4x+x^2)(-4+3x+x^2)}{2-x-2x^2+x^3}\right\}$

In[5]把要求展开的函数式放在一个表里，运算结果也显示在一个表中（如 Out[5]），有关表的应用将在下一小节中介绍。

In[6]: = {(xy)^5, (xy)^(1/3)}

```
Out[6] = {x^5 y^5, (xy)^(1/3)}
In[7]: = {PowerExpand[(xy)^(1/3)], PowerExpand[Log[(xy)^n]]}
Out[7] = {x^(1/3) y^(1/3), n(Log[x] + Log[y])}
```

当 n 不为整数时，Mathematica 不会自动展开形如 $(xy)^n$ 的表达式，但利用函数 PowerExpand 即可展开，但通常假定 x 和 y 都是正实数。函数 PowerExpand 还可以展开对数多项式。

2. 因式分解

因式分解函数如表 3.2 所示。

表 3.2　因式分解函数

函数格式	函数功能
Factor[expr]	对多项式 expr 进行因式分解
FactorTerms[expr]	提取系数的公因子
FactorTerms[expr, {x, y}]	对不含 x 和 y 的项进行因式分解
FactorSquareFree[expr]	对除二次式以外的项进行因式分解
Factor[expr, Extension -> {a1, a2, …}]	要求分解所得的每个因式中的各项系数是各代数式 a_1, a_2, …的有理组合

例 2　对 x^2+4x+3, $3(2-x)^3(6+x-x^2)$, $\dfrac{x^2+x-6}{1-x^2}+\dfrac{x-2}{x+1}$进行因式分解。

```
In[1]: = Factor[x^2 + 4x + 3]
Out[1] = (1 + x)(3 + x)
In[2]: = pp = Expand[3(2 - x)^3(6 + x - x^2)]
Out[2] = 144 - 192x + 48x^2 + 36x^3 - 21x^4 + 3x^5
In[3]: = {FactorTerms[pp], FactorSquareFree[pp]}
Out[3] = {3(48 - 64x + 16x^2 + 12x^3 - 7x^4 + x^5), 3(-2 + x)^3(-6 - x + x^2)}
In[4]: = Factor[pp]
Out[4] = 3(-3 + x)(-2 + x)^3(2 + x)
```

对有理式也可作分解：

In[5]: = Factor$\left[\dfrac{x\hat{}2+x-6}{1-x\hat{}2}+\dfrac{x-2}{x+1}\right]$

Out[5] = $-\dfrac{4(-2+x)}{(-1+x)(1+x)}$

Factor[ ]函数一般只能在有理数范围内分解因式，不能处理复数形式的多项式，例如：

In[6]: = r = x^3 + x^2 + x + 1;
In[7]: = Factor[r]
Out[7] = $(1+x)(1+x^2)$

但若利用 Extension 选项，可使函数在实数范围内分解：若 Extension -> Automatic，则允许多项式系数为实数，若 Extension ->{a_1, a_2, …}，则多项式可以为 a_i 的组合。更进一步，若利用 GaussianIntegers -> True 参数，可使函数在复整数范围内分解，例如：

In[8]: = Factor[3x^2 + 2 $\sqrt{6}$x + 2]
Out[8] = $2+2\sqrt{6}x+3x^2$
In[9]: = Factor[%, Extension→Automatic]
Out[9] = $\frac{1}{3}(\sqrt{6}+3x)^2$
In[10]: = {Factor[x^2 - 6], Factor[x^2 - 6, Extension→{$\sqrt{2}$, $\sqrt{3}$}]}
Out[10] = {$-6+x^2$, $-(\sqrt{6}-x)(\sqrt{6}+x)$}
In[11]: = Factor[r, GaussianIntegers→True]
Out[11] = (-i + x)(i + x)(1 + x)

3. 合并同类项

合并同类项函数如表 3.3 所示。

表 3.3　合并同类项函数

函数格式	函数功能
Collect[expr, x]	合并 expr 中 x 的同次幂
Collect[expr, {x, y, …}]	合并 expr 中 x 的同次幂，y 的同次幂，…

例 3　对指定变量合并同类项。

In[1]: = Collect[Expand[(a + b + c)^3], a]
Out[1] = $a^3+b^3+3b^2c+3bc^2+c^3+a^2(3b+3c)+a(3b^2+6bc+3c^2)$
In[2]: = Collect[Expand[(a + b + c)^3], (b, c)]
Out[2] = $a^3+b^3+3a^2c+3ac^2+c^3+b^2(3a+3c)+b(3a^2+6ac+3c^2)$
In[3]: = Collect[Expand[(a + b + c)^3], (c, b)]
Out[3] = $a^3+3a^2b+3ab^2+b^3+(3a^2+6ab+3b^2)c+(3a+3b)c^2+c^3$

从上例可看到，合并结果与参数中的变量及变量的次序有关。参数 {x, y, …} 中，x 为第一主变量，y 为第二主变量，Collect 函数将优先按第一个主变量幂次和的形式来排序，然后对其余的项再按第二主变量进行排序，如此类推。

4. 有理多项式的化简

有理式除了上述的因式分解、展开等，Mathematica 还提供了对有理式作通分和进一步化简的函数，如表 3.4 所示。

表 3.4 有理多项式化简函数

函数格式	函数功能
Apart[expr]	把 expr 分解为最简分式的和
Cancel[expr]	约去分子、分母中的公因式
Together[expr]	合并具有相同分母的项，即通分

例 4 化简下列有理多项式：

In[1]: = Apart[$\frac{x+3}{x\char`^2-5x+6}$]

Out[1] = $\frac{6}{-3+x}-\frac{5}{-2+x}$

In[2]: = Cancel[$\frac{x-3}{x\char`^2-5x+6}$]

Out[2] = $\frac{1}{-2+x}$

In[3]: = Together$\left[\frac{1}{x}-\frac{1}{x-1}+\frac{1}{(x-1)\char`^2}\right]$

Out[3] = $\frac{1}{(-1+x)^2x}$

上述 Apart[ ]函数把一个有理式分解为最简分式的和，这在求有理式的积分时是非常有用的。Cancel[ ]可以约去分子和分母中的公因式，而 Together[ ]合并了同类项。

3.1.2 三角函数式的运算

在 Mathematica 中，通常三角函数作代数运算时，并不作如 Sin[2x] = 2Sin[x]Cos[x]的三角函数变换，常用的三角函数表达式的变换函数如表 3.5 所示。

表 3.5　三角函数式的运算函数

函数格式	函数功能
TrigExpand[expr]	将三角函数表达式展开为各项和的形式
TrigFactor[expr]	将三角函数式化为乘积形式
TrigReduce[expr]	用倍角化简三角函数式
TrigToExp[expr]	三角函数式化为指数式
ExpToTrig[expr]	指数式化为三角函数式

例 5　对三角函数 $\sin 2x\cos 2y$ 作变换。

In[1]: = TrigExpand[Sin[2x]Cos[2y]]

Out[1] = $2\text{Cos}[x]\text{Cos}[y]^2\text{Sin}[x]-2\text{Cos}[x]\text{Sin}[x]\text{Sin}[y]^2$

In[2]: = TrigFactor[%]

Out[2] = 2Cos[x]Sin[x](Cos[y] - Sin[y])(Cos[y] + Sin[y])

In[3]: = TrigReduce[%]

Out[3] = $\frac{1}{2}(\text{Sin}[2x-2y]+\text{Sin}[2x+2y])$

其中 In[1]是展开三角函数式，In[2]对前面的结果进行因式分解，In[3]利用倍角化简表达式，化简为三角函数表达式线性和的形式。上述函数也适用于双曲函数。下面是双曲函数与指数互相转化的例子。

例 6

In[4]: = TrigToExp[Sinh[α]]

Out[4] = $-\frac{e^{-\alpha}}{2}+\frac{e^{\alpha}}{2}$

In[5]: = ExpToTrig[%]

Out[5] = Sinh[α]

3.1.3　运算结果的化简

在 Mathematica 中，符号运算的结果往往与我们手工运算的结果在形式上存在差异，尤其在微积分中求极限、求导数和求不定积分等符号演算的时候。Mathematica 系统提供了一些化简函数（表 3.6），利用这些函数不仅可以对表达式本身进行化简处理，也有助于我们对运算结果的判别。

表 3.6　表达式化简函数

函数格式	函数功能
Simplify[expr]	化简表达式 expr
FullSimplify[expr]	在最大范围内对表达式作全面化简
Simplify[expr，可选参数]	根据可选参数化简表达式 expr
FullSimplify[expr，ExcludedForms -> patt]	化简 expr，除了与 patt 匹配的表达式
Assuming[assum，expr]	将条件 assum 添加到系统变量 $Assumptions 的值中，求包含在 Simplify 等函数中的 expr
Refine[expr，assum]	将条件 assum 添加到系统变量 $Assumptions 的值中，按条件求 expr

1. 一般性的化简

例 7　化简 $(3+x)^3\ (1+x)^4\ (2+x)^4$。

In[1]: = y = (3 + x)^3(1 + x)^4(2 + x)^4

Out[1] = $(1+x)^4(2+x)^4(3+x)^3$

In[2]: = Simplify[Expand[y]]

Out[2] = $(3+x)^3(2+3x+x^2)^4$

In[3]: = FullSimplify[%]

Out[3] = $(1+x)^4(2+x)^4(3+x)^3$

In[4]: = Expand[(5 + x)^4]

Out[4] = $625+500x+150x^2+20x^3+x^4$

In[5]: = FullSimplify[Expand[(5 + x)^4], ExcludedForms→x^3]

Out[5] = $625+20x^3+x(500+150x+x^3)$

FullSimplify 可以在更大范围内化简表达式，还可以加入选项 ExcludedForms 来控制表达式的化简，如 In[5]，只要是与选项中指定的表达式 x^3 相匹配的项，都不进行化简。

2. 有条件的化简

先看下面的例子：

In[1]: = Simplify[$\sqrt{x^2}$]

Out[1] = $\sqrt{x^2}$

由于系统不能确定 x 的值，所以 Mathematica 不会进行化简。但是，如果对所处理的表达式作假设，例如假定 $x>0$，则系统可作进一步的化简，例如：

In[2]: = Simplify[$\sqrt{x^2}$, x > 0]

```
Out[2] = x
```

或者

```
In[3]: = Assuming[x > 0, Simplify[√(x^2)]]
Out[3] = x
```

In[2]在函数中利用可选参数，或者如 In[3]中直接利用 Assuming 函数，都可得到化简结果。其中可选的参数有：$x\in$dom，即指定 x 属于域 dom，dom 可取 Integers（整数域）、Rationals（有理数域）和 Reals（实数域）等。例如：

```
In[4]: = Simplify[Cos[n π]]
Out[4] = Cos[n π]
In[5]: = Simplify[Cos[n π], n∈Integers]
Out[5] = (-1)^n
```

3.2 表及表的运算

在上一节中我们已经使用过表，即把一些同类的运算放在一个表中。表是 Mathematica 系统中一个相当有用的数据结构。把一些元素（即任意一组表达式）用一个或一组 {} 括起来，就是一个表。表每一层次上并列的部分用逗号分割，表可以多重嵌套，可以说表是任意对象的一个集合。例如：

{3, 2 + Sin[x], {1 - x, I}, y = ax^2 + b}

我们所认识的数学中集合、向量或矩阵，在 Mathematica 中都是特殊形式的表。如果表中元素类型相同，并且元素无重复出现的，称为集合。如果表中元素是数值，称为数组或向量。如果表中元素是一些长度相等的向量，则称为矩阵。例如：

{a, b, c, d} 是集合。

{-1, 3.2, -2, 5, Pi + 1, 7.8} 是数组或向量。

{{1, 2, 3, 4}, {a, b, c, d}, {5, 6, e, f}} 是 3×4 的矩阵。

本节将介绍表的生成、表的结构操作，以及表的一些运算。

3.2.1 表的生成

如上所述，直接把元素放在花括号中，并用逗号隔开，即生成一个表。这是在表的元素较少，并且元素都可知时可以采用的方法。对于较为复杂的表，则需通过表的生成函数来完成（表 3.7）。

表 3.7 几种常用的生成表的函数

函数格式	函数功能
Range[imin, imax, step]	生成 imin 到 imax 的数值表，步长为 step，step 缺省值为 1
Range[n]	生成前 n 个自然数的表
Table[expr, {i, imin, imax, step}]	以 step 为步长，从 imin 到 imax 按表达式 expr 生成表，step 缺省值为 1
Table[expr, {i, imin, imax}, {j, jmin, jmax}]	expr 是 i, j 的函数，按 expr 生成多维表
Table[expr, {n}]	生成 n 个 expr 的表
Array[f, {n1, n2, …}]	以函数 f 为迭代公式生成 $n_1 \times n_2 \times \cdots$ 的表

例 8 生成数值表。

In[1]: = Range[10]

Out[1] = {1, 2, 3, 4, 5, 6, 7, 8, 9, 10}

In[2]: = Range[-2, 20, 3.5]

Out[2] = { -2, 1.5, 5., 8.5, 12., 15.5, 19.}

In[3]: = Range[2^2, 3^2]

Out[3] = {4, 5, 6, 7, 8, 9}

例 9 生成一般表。

In[4]: = Table[Random[], {5}]

Out[4] = {0.0261458, 0.43424, 0.714579, 0.455064, 0.475608}

In[5]: = Table[2x + 1, {x, 5, 25, 3}]

Out[5] = {11, 17, 23, 29, 35, 41, 47}

In[6]: = Table[i^2 - j^2, {i, 1, 3}, {j, 2, 4}]//TableForm

Out[6]//TableForm =

-3	-8	-15
0	-5	-12
5	0	-7

例 10 生成特殊表。

In[7]: = Array[b, 4]

Out[7] = {b[1], b[2], b[3], b[4]}

In[8]: = Array[a, {2, 3}]

Out[8] = {{a[1, 1], a[1, 2], a[1, 3]}, {a[2, 1], a[2, 2], a[2, 3]}}

3.2.2　表的结构操作

表的结构操作包括对表中元素进行提取、插入、删除及替换等（表3.8）。

表3.8　常用表的操作函数

函数格式	函数功能
t[[n]]或Part[t, n]	显示表 t 中第 n 个元素
t[[-n]]或Part[t, -n]	显示表 t 中倒数第 n 个元素
First[t]/ Last[t]	显示表 t 中第1个元素/最后一个元素
t[[{n1, n2, …}]] 或Part[t, {n1, n2, …}]	给出表 t 的第 n_1, n_2, …个元素组成的表
t[[i, j]]或Part[t, i, j]	表示表 t 中第 i 个子表的第 j 个元素
Length[t]	表 t 的长度（即元素个数）
Take[t, n]	提取表 t 中前 n 个元素（n 为负整数时，提取后 n 个元素）
Take[t, {m, n}]	提取表 t 中第 m 到第 n 个元素
Insert[t, elem, n]	在表 t 的第 n 个位置插入元素 elem（n 为负整数时，在表 t 的倒数第 n 个位置插入元素 elem）
Prepend[t, elem]	在表 t 的第1个元素前插入元素 elem
Append[t, elem]	在表 t 的尾部插入元素 elem，原表 t 不改变
AppendTo[t, elem]	在表 t 的尾部插入元素 elem，原表 t 改变
Delete[t, n]	删除表 t 的第 n 个元素
DeleteCase[t, patt]	删除表 t 中与 patt 匹配的元素
Drop[t, n]	删除表 t 的前 n 个元素（n 为负整数时，删除表 t 的后 n 个元素）
Drop[t, {m, n}]	删除表 t 的第 m 到第 n 个元素
ReplacePart[t, expr, n]	用 expr 替换表 t 中第 n 个元素（n 为负整数时，用 expr 替换表 t 中倒数第 n 个元素）
ReplacePart[t, expr, {m, n}]	用 expr 替换表 t 中第 m 到第 n 个元素
Subsets[t]	t 的所有子表作为元素构成的表

例11　表的插入和删除。

In[1]: = l1 = {a, b, {c, d}, x, {1, 2}, 3};

```
In[2]:={l1[[3]], Part[l1, -3], Last[l1], Length[l1]}
Out[2]={{c, d}, x, 3, 6}
```

In[2]想了解表l1 中某些位置的元素，以及表的长度，结果也以表的形式显示。

```
In[3]:=l2=Table[Random[Integer, {1, 10}], {10}]
Out[3]={7, 5, 7, 1, 8, 9, 6, 6, 3, 7}
In[4]:=Insert[l2, x, -3]
Out[4]={7, 5, 7, 1, 8, 9, 6, 6, x, 3, 7}}
In[5]:=Append[l2, {c, d}]
Out[5]={7, 5, 7, 1, 8, 9, 6, 6, 3, 7, {c, d}}
In[6]:=l2
Out[6]={7, 5, 7, 1, 8, 9, 6, 6, 3, 7}
In[7]:=AppendTo[l2, {c, d}]
Out[7]={7, 5, 7, 1, 8, 9, 6, 6, 3, 7, {c, d}}
In[8]:=l2
Out[8]={7, 5, 7, 1, 8, 9, 6, 6, 3, 7, {c, d}}
In[9]:=Drop[l2, {3, 6}]
Out[9]={7, 5, 6, 6, 3, 7, {c, d}}
```

In[3]随机产生10个在1至10之间的整数，组成表l2，In[4]在表l2的倒数第3个位置中插入元素x，需要注意的是，In[5]和In[7]都在表的尾部插入元素{c, d}，但前者并不改变原表l2，而后者使l2增加了一个元素。In[9]删除表l2中第3到第6个位置的元素。

3.2.3 表的运算

对于已有的表，可以对表进行有关的运算，如对表中元素重排、表中元素间的运算，以及表与表的合并等等（表3.9）。表的运算是生成新表，而原表并不改变。

表3.9 表的运算函数

函数格式	函数功能
Sort[t]	将表 t 的元素按照标准顺序排序
Reverse[t]	将表 t 的元素顺序倒过来
Join[t1, t2, …]	将表 t_1，t_2，…连接成一个表
Union[t]	去掉表 t 中重复的元素后得到一个表
Union[t1, t2, …]	取表 t_1，t_2，…的并集组成一个表

续上表

函数格式	函数功能
Intersection[t1, t2, …]	取表 t_1, t_2, …的交集组成一个表
Complement[t, t1, t2, …]	给出在表 t 中但不在表 t_1, t_2, …中的元素
Partition[t, n]	将表 t 的元素按 n 个一组生成子表
Flatten[t]	展开表 t 的各个子表，合并成一个表

例 12　表的运算

```
In[10]: = l3 = {3, 5, 2, {d, e}, {d, c}, 1, -3};
In[11]: = Sort[l3]
Out[11] = {-3, 1, 2, 3, 5, {d, c}, {d, e}}
```

In[11]将表 l3 的元素按照标准顺序排序。所谓标准顺序，是指对于不同类型数据，都有其排列的顺序，如整数、实数的顺序是由小到大，字符顺序按字母顺序，还有表达式的顺序，等等。

```
In[12]: = Join[l1, l3]
Out[12] = {a, b, {c, d}, x, {1, 2}, 3, 3, 5, 2, {d, e}, {d, c}, 1, -3}
In[13]: = Union[l1, l3]
Out[13] = {-3, 1, 2, 3, 5, a, b, x, {1, 2}, {c, d}, {d, c}, {d, e}}
In[14]: = Intersectoin[l1, l2, l3]
Out[14] = {3}
In[15]: = Complement[l1, l3]
Out[15] = {a, b, x, {1, 2}, {c, d}}
In[16]: = Partition[l2, 4]
Out[16] = {{3, 2, 6, 5}, {7, 5, 8, 7}}
In[17]: = Flatten[l1]
Out[17] = {a, b, c, d, x, 1, 2, 3}
```

In[12]与 In[13]分别通过 Join 和 Union 函数，把两个表合并为一个表。两者不同之处在于 Union 在合并时删除了各表中重复的元素，而 Join 仅是简单的合并；In[14]给出 3 个集合 l1、l2 和 l3 的交集，In[15]给出 l3 相对于 l1 的补集。注意，这里 {c, d} 与 {d, c} 是不同的元素。In[16]利用 Patition 把表 l2 按每 4 个元素分段，作为子表，集合成一个表，而 In[17]的 Flatten 函数把表中所有子表的括号去掉，合并成一个表。

3.3　解方程

方程求解是代数运算中最普遍的内容，Mathematica 在方程求解上，也具有强大的功能，表 3.10 列出常用的求解方程的函数。

表 3.10 求解方程的函数

函数格式	函数功能
Solve[eqns, vars]	求方程 eqns 关于变量 vars 的解集
Solve[eqns, vars, elims]	消去 elims 的变量，求方程的解集
NSolve[eqns, vars]	求方程 eqns 关于变量 vars 的数值解
Reduce[expr, vars, dom]	求方程或不等式 expr 关于变量 vars 的解，返回一个逻辑式，讨论解的各种可能情况，dom 是可选参数，说明解的取值范围
FindRoot[f(x) == g(x), {x,a}]	求方程 $f(x)=g(x)$ 在 $x=a$ 附近的近似根
Roots[f == g, x]	以逻辑表达式的形式给出方程的解
Eliminate[eqns, elims]	在等式中消去 elims 的变量
RSolve[eqn, a[n], n]	解递归方程解，得 a[n] 的表达式
InverseFunctions -> True（或 False）	解方程的可选参数，表明所得的解中是否用反函数，缺省时使用反函数并显示警告信息，True 为使用反函数但不显示警告，False 为不使用反函数

特别要注意的是，在数学中方程式都用等号“=”连续方程两边的式子，而在 Mathematica 的方程式中不用等号，而用并列的两个等号“==”连接。

例 13 分别解方程：(1) $x^2-6x=0$；(2) $ax^2+bx+c=0$；(3) $x+\sqrt{x^2-a^2}=e^b$。

In[1]: = Solve[x^2 - 6x == 0]

Out[1] = {{x→0}, {x→6}}

In[2]: = Solve[a x^2 + b x + c == 0, x]

$$\text{Out[2]} = \left\{\left\{x \to \frac{-b-\sqrt{b^2-4ac}}{2a}\right\}, \left\{x \to \frac{-b+\sqrt{b^2-4ac}}{2a}\right\}\right\}$$

In[3]: = Solve[x + $\sqrt{\text{x\^{}2 - a\^{}2}}$ == e^{b}, x]

$$\text{Out[3]} = \left\{\left\{x \to \frac{1}{2}e^{-b}\ (a^2+e^{2b})\right\}\right\}$$

In[1]的 Solve 函数中只有未知变量 x，可以使用这种简单的表示。In[2]是标准的 x 的二次方程，返回的结果是二次方程的求根公式。在含有参变量的方程里，可以通过给参变量赋值得到解集。例如：

In[4]: = %2/. {a→3, b→4, c→ -2}

Out[4] = $\left\{\left\{x\to\frac{1}{6}\left(-4-2\sqrt{10}\right)\right\}, \left\{x\to\frac{1}{6}\left(-4+2\sqrt{10}\right)\right\}\right\}$

In[3]表明 Solve 也能对比较复杂的方程求解。

如果用 Reduce[ ]函数求解，则运算为：

In[5]: = Reduce[x^2 - 6x == 0, x]

Out[5] = x == 0 || x == 6

In[6]: = Reduce[a x^2 + b x + c == 0, x]

Out[6] = $a\neq 0\&\&\left(x==\frac{-b-\sqrt{b^2-4ac}}{2a}\ \|\ x==\frac{-b+\sqrt{b^2-4ac}}{2a}\right)\ \|$

$a==0\&\&b\neq 0\&\&x==-\frac{c}{b}\ \|\ c==0\&\&b==0\&\&a==0$

对比上述用 Solve 与用 Reduce 求解方程所得到的解，可以看到，Reduce 函数返回一个逻辑式，详细讨论了各种可能的情况，而 Solve 函数只考虑了 $a\neq 0$ 的一种情况。用 Reduce 函数得到的结果中，符号"&&"表示逻辑"与"，"||"表示逻辑"或"。

例 14　解方程组$\begin{cases}x-2y+3z=0\\4x-y=9\\x-2z=-2\end{cases}$。

In[1]: = eqns = {x - 2y + 3z == 0, 4x - y == 9, x - 2z == -2};

In[2]: = Solve[eqns, {x, y, z}]

Out[2] = $\left\{\left\{x\to\frac{42}{11}, y\to\frac{69}{11}, z\to\frac{32}{11}\right\}\right\}$

方程 eqns 的表示形式有多种，除上面的表示外，还可以表示为下列形式：

(1) eqns = {x - 2y + 3z == 0 && 4x - y == 9 && x - 2z == -2}

(2) eqns = {x - 2y + 3z , 4x - y , x - 2z } == {0, 9, 2}

进一步比较 Solve 与 Reduce 这两个函数：

In[3]: = eqns1 = {x^4 y^2 == a && x^2 y == b};

In[4]: = Solve[eqns1, {x, y}]

Out[4] = { }

In[5]: = Reduce[eqns1, {x, y}]

Out[5] = $\left(a==b^2\ \&\&\ x\neq 0\ \&\&\ y==\frac{b}{x^2}\right)\ \|\ (b==0\ \&\&\ a==0\ \&\&\ x==0)$

在判定方程解的存在性上，函数 Solve 返回是否有一般解，如果没有一般解，将返回一个空集，而函数 Reduce 的返回值是一个方程解的存在条件。

对于五次或更高阶的方程，求方程的符号解是很困难的，即使可求，得到的解也会很复杂。通常高阶方程可以利用函数 NSolve、Roots 或 FindRoot 求方程的近似解。

例 15 求方程 $x^5 - 3x + 1 = 0$ 的数值解。

```
In[1]:=Solve[x^5 + x^2 - 1 == 0]
Out[1]={{x→Root[-1 + #1^2 + #1^5&, 1]},
        {x→Root[-1 + #1^2 + #1^5&, 2]}, {x→Root[-1 + #1^2 + #1^5&, 3]},
        {x→Root[-1 + #1^2 + #1^5&, 4]}, {x→Root[-1 + #1^2 + #1^5&, 5]}}
In[2]:=NSolve[x^5 + x^2 - 1 == 0]
Out[2]={{x→0.464912 + 1.07147i}, {x→0.464914 - 1.07147i},
        {x→-0.869278 + 0.388269i}, {x→-0.869278 - 0.388269i}, {x→0.808731}}
In[3]:=Roots[x^5 + x^2 - 1.0 == 0, x]
Out[3]=x == -0.869278 - 0.388269i || x == -0.869278 + 0.388269i ||
        x == 0.464912 - 1.07147i || x == 0.464912 + 1.07147i || x == 0.808731
```

In[1]对高次方程求解，得到的是隐式符号解，In[2]与 In[3]都是求方程的近似数值解，Out[3]得到的解以逻辑表达式的形式表示。要注意的是，使用函数 Roots 时，要把方程中的某个系数改为小数，如 1 改为 1.0，否则得到的结果将与 Out[1]一样。实际上，如果 Solve[ ]的方程中出现小数，则结果也将是近似解。

```
In[4]:=m = x/.%2
Out[4]={0.464912 + 1.07147i, 0.464912 - 1.07147i,
        -0.869278 + 0.388269i, -0.869278 - 0.388269i, 0.808731}
In[5]:=NSolve[x^5 + x^2 - 1 == 0][[5]]
Out[5]={x→0.808731}
```

In[4]利用替换规则把所得到的数值解放入表 m 中，In[5]中的[[5]]表示只显示方程的第 5 个解。

函数 FindRoot 也能求方程的近似解，其功能比 NSolve 强，对于一些复杂函数，NSolve 一般很难求出其近似解，而 FindRoot 总能给出一个解的数值逼近，例如：

```
In[1]:=NSolve[x + Cos[x] == Exp[x]]
        Solve::tdep:The equations appear to involve the
          variables to be solved for in an essentially non-algebraic way. More...
Out[1]=NSolve[x + Coc[x] == e^x]
In[2]:=FindRoot[x + Cos[x] == Exp[x], {x, -2}]
Out[2]={x→-8.111×10^-9}
```

在 Mathematica 5.0 及以上的版本中，求解不等式和求解递归方程不必调用 Algebra 程序包，用函数 Reduce 就能解决。

例 16 解下列不等式及不等式组：

（1） $x^2+x-6\geqslant 0$；

（2） $\begin{cases}x-2y+5<0\\2x^2+y>x+3\end{cases}$；

（3） $|x^2-3|>1$。

```
In[1]:= Reduce[(x^2 + x - 6) ≥ 0]
Out[1]= x ≤ -3 || x ≥ 2
In[2]:= Reduce[{x - 2y + 5 < 0 && 2x^2 + y > x + 3}, {x, y}]
```

$$\text{Out[2]}=\left(x\leqslant\frac{1}{8}(1-\sqrt{17})\ \&\&\ y>\frac{5+x}{2}\right)\ ||\ \left(\frac{1}{8}(1-\sqrt{17})<x\leqslant\frac{1}{8}(1+\sqrt{17})\ \&\&\ y>3+x-2x^2\right)\ ||\ \left(x>\frac{1}{8}(1+\sqrt{17})\ \&\&\ y>\frac{5+x}{2}\right)$$

```
In[3]:= Reduce[Abs[x^2 - 3] > 1]
Out[3]= Abs[-3 + x^2] > 1
In[4]:= Reduce[Abs[x^2 - 3] > 1, x, Reals]
Out[4]= x < -2 || -√2 < x < √2 || x > 2
```

可见 Reduce 函数不仅可求解方程，还可以用来解不等式或不等式组。此外，In[3]的运算结果返回原不等式，而在 In[4]中加入可选参数，声明变量 x 的取值范围是实数域 Reals，则得到不等式的解。

例 17 解方程 $\cos(x+1)=a$。

```
In[1]:= Solve[Cos[x + 1] = = a, x]
        Solve::ifun: Inverse functions are being used by Solve, so some
          solutions may not be found; use Reduce for complete solution information. More...
Out[1]= {{x→ -1 - ArcCos[a]}, {x→ -1 + ArcCos[a]}}
```

如果使用可选参数 InverseFunctions－＞True，则不显示出错信息，例如：

```
In[2]:= Solve[Cos[x + 1] == a, x, InverseFunctions→True]
Out[2]= {{x→ -1 - ArcCos[a]}, {x→ -1 + ArcCos[a]}}
```

习题三

1. 把下面各式展开成多项式：

   （1） $(1-2x)^3\ (1+3x^2)^2$；（2） $(a+\sin x)\ (b+\cos x)$。

2. 将下列式子分解因式：

（1）$x^3-6x^2+11x-6$；（2）$a^{10}-b^{10}$。

3. 化简下列表达式：

（1）$\sin^2x+2\sin x\cos x+\cos^2x$；

（2）$\dfrac{a^3}{(a-b)(a-c)}+\dfrac{b^3}{(b-c)(b-a)}+\dfrac{c^3}{(c-a)(c-b)}$。

4. 建立下列表格：

（1）{1，4，9，16，…，10000}，能用几种方法建立？

（2）{{1，2，3，…，100}，{101，102，103，…，200}，…，{901，902，903，…，1000}}。

5. 随机形成有 20 个元素的范围在(1，100)内的整数数组，并且将数组元素从小到大排序。

6. 解方程：

（1）$x^3-2x^2+1=0$；（2）$\begin{cases}x-3y=a\\2x+y=b\end{cases}$。

7. 把方程 $x^5+x^2-x+1=0$ 的数值解存入一个表中，并将第一个根与最后一个根相加后增加到这个表中。

第 4 章　Mathematica 与大学数学

大学数学课程中的许多数值计算与符号运算，在 Mathematica 中都有相应的函数或者程序包可以用来求解。本章主要介绍 Mathematica 在高等数学与线性代数中的有关运算。

4.1　高等数学

高等数学的主要内容有求极限、求导数（微分）、积分及微分方程等运算，在 Mathematica 中，均有相应的函数，以满足微积分运算的要求。

4.1.1　求极限

极限是微积分中最基本的运算，极限与很多重要的概念和方法是相关的。Mathematica 中求极限的函数既可以求数值极限，也可以求符号极限。表 4.1 根据自变量 x 的几种变化情形，给出求 $f(x)$ 极限的函数。

表 4.1　求极限的函数

函数格式	函数功能
Limit[f, x－＞x0]	求函数 $f(x)$ 当 $x \to x_0$ 时的极限，即 $\lim\limits_{x \to x_0} f(x)$
Limit[f, x－＞ x0, Direction－＞1]	求函数 $f(x)$ 当 $x \to x_0$ 时的左极限
Limit[f, x－＞ x0, Direction－＞－1]	求函数 $f(x)$ 当 $x \to x_0$ 时的右极限
Limit[f, x－＞Infinity]	求函数 $f(x)$ 当 $x \to +\infty$ 时的极限
Limit[f, x－＞－Infinity]	求函数 $f(x)$ 当 $x \to -\infty$ 时的极限

例 1　计算下列极限：(1) $\lim\limits_{x \to 0} \frac{1-\cos x}{x^2}$；(2) $\lim\limits_{x \to +\infty} x(\sqrt{x^2+1}-x)$。

In[1]: = Limit$\left[\frac{1-\text{Cos}[x]}{x^2},\ x\to 0\right]$

Out[1] = $\frac{1}{2}$

In[2]: = Limit[x $\sqrt{x^2+1}$ - x, x→∞]

Out[2] = ∞

系统提供的基本输入、输出模板中没有极限的符号，用户可考虑自制模板，把求极限的符号加进去。

例 2 计算带参数的极限：(1) $\lim\limits_{x\to\infty}\left(1+\frac{a}{x}\right)^x$；(2) $\lim\limits_{x\to 0^+}x^n\ln x$ $(n>0)$。

In[1]: = Limit$\left[\left(1+\frac{a}{x}\right)^x,\ x\to\infty\right]$

Out[1] = e^a

In[2]: = Limit[x^n Log[x], x→0, Direction→ - 1]

Out[2] = Indeterminate

对于含有参数的极限，有些是得不到结果的，例如 In[2]的计算，得到的结果 Indeterminate 表示不定值。这时可以考虑在 Limit[ ]函数中，使用可选参数 Assumptions 对参数加以说明，或者把求极限函数放在 Assuming 函数中。例如：

In[3]: = Limit[x^n Log[x], x→0, Direction→ - 1, Assumptions→{n > 0}]

Out[3] = 0

In[4]: = Assuming[n > 0, Limit[x^n Log[x], x→0, Direction→ - 1]]

Out[4] = 0

另外，也可以用 Mathematica 的一个系统变量 $Assumptions，事先设定运算的默认条件。例如：

In[5]: = Limit[Sin[n π], n→∞]

Out[5] = Interval[{ - 1, 1}]

In[6]: = $Assumptions

Out[6] = True

In[7]: = temp = $Assumptions; $assumptions = n ∈ Integers

Out[7] = n ∈ Integers

In[8]: = Limit[Sin[n π], n→∞]

Out[8] = 0

In[9]: = $Assumptions = temp

Out[9] = True

In[5]中由于 n 的值没有说明，故返回的结果是极限取值的区间。In[6]查看系统变量

$Assumptions，默认值为 True，而在 In[7]中，先保留 $Assumptions 的值，然后把系统变量 $Assumptions 设为 n ∈ Integers，In[8]运算返回的结果可看到，对 n 的取值加以说明后，能得到正确结果，In[9]是恢复 $Assumptions 的默认值。

利用函数嵌套，可以求二重极限，即二元函数的极限。

例 3 求 $\lim\limits_{(x,y)\to(0,2)}\dfrac{\sin(xy)}{x}$。

```
In[1]: = Limit[limit[Sin[x y]/x,x→0],y→2]
Out[1] =2
In[2]: = Limit[Limit[Sin[x y]/x,y→2],x→0]
Out[2] =2
```

4.1.2 求导数和微分

Mathematica 的求导函数功能很强，可以求一元函数的导数和高阶导数，也可以求多元函数的偏导数，甚至还可以求抽象的复合函数的导数（表 4.2）。

表 4.2 求导数的函数

函数格式	函数功能
D[f, x]	求函数 f 的导数 $\mathrm{d}f/\mathrm{d}x$ 或偏导数 $\partial f/\partial x$
D[f, {x, n}]	求函数 f 的 n 阶导数或 n 阶偏导数
D[f, x1, x2, …]	求函数 f 对 x_1，x_2，…的偏导数
Dt[f]	求函数 f 的全微分
Dt[f, x]	求复合函数 f 的全导数 $\mathrm{d}f/\mathrm{d}x$，f 中所有异于 x 的变元均为 x 的函数
Dt[f, {x, k}]	求函数 f 对 x 的 k 阶全导数
Dt[f, x, Constans -> {c1, c2, …}]	求全微分，其中 c_1，c_2，…为常数
SetAttributes[c, Constants]	设定 c 为常数

例 4 分别求 $\dfrac{e^x}{x^2}+\ln 3$ 的导数、$e^x\cos x$ 的 4 阶导数。

In[1]: = $D\left[\dfrac{e^x}{x^2}+\text{Log}[3],\ x\right]$

Out[1] = $-\dfrac{2e^x}{x^3}+\dfrac{e^x}{x^2}$

In[2]: = D[e^x Cos[x], {x, 4}]

Out[2] = -4e^x Cos[x]

例 5 设 $z=x^3y^2-3xy^3-xy+1$，求$\frac{\partial^2 z}{\partial x^2}$、$\frac{\partial^2 z}{\partial y\partial x}$及$\frac{\partial^2 z}{\partial x\partial y}$。

In[1]: = z = x^3 y^2 - 3x y^3 - x y + 1;

In[2]: = D[z, {x, 2}]

Out[2] = 6x y^2

In[3]: = {D[z, y, x], $\partial_{y,x}$z, D[z, x, y]}

Out[3] = { -1 + 6x^2 y - 9y^2, -1 + 6x^2y - 9y^2, -1 + 6x^2 y - 9y^2}

上述运算中，In[3]的求导分别采用函数 D[ ]和基本输入模板中的求偏导符号 $\partial_{y,x}z$，效果一样，同时，D[z, y, x]是求$\frac{\partial^2 z}{\partial y\partial x}$，D[z, x, y]是求$\frac{\partial^2 z}{\partial x\partial y}$，结果相同，因为在高等数学中，只要函数 z 连续，结果与求导次序无关。

例 6 比较求导函数 D[ ]与全微分函数 Dt[ ]的区别。

In[1]: = v = x^2 y + x y^2;

In[2]: = D[v, x]

Out[2] = 2xy + y^2

In[3]: = Dt[v, x]

Out[3] = 2xy + y^2 + x^2Dt[y, x] + 2xyDt[y, x]

In[2]求函数 v 对 x 的偏导数，此时 y 与 x 无关。In[3]求 v 对 x 的全微分，此时 y 是 x 的函数，于是结果中包含 Dt[y, x]，即 y 对 x 的全微分。

In[4]: = Dt[v, x, Constants→{y}]

Out[4] = 2xy + y^2

In[4]在函数中加上选项 Constants -> {y}，即把变量 y 设定为常数，因而 Dt[y, x]为 0。

In[5]: = SetAttributes[y, Constant]

In[6]: = Dt[v^2,x]

Out[6] = 2(2xy + y^2)(x^2 y + x y^2)

In[7]: = ClearAttributes[y,Constant]

In[5]使用函数 SetAttributcs[ ]，同样是表明 y 是常数，得到相同的结果。但这两种定义一个变量为常数的方法还是有区别的，选项 Constants 只能使变量在函数使用的时候为常数，这样的定义不会影响到后面的运算，而函数 SetAttributes 却可以使变量一直保持为常数，直至消除常数的定义，因此 In[7]中用函数 ClearAttributes[ ]消除 y 的常数定义。

例 7　抽象函数的求导。设 $z=f(xy^2,\ x^2y)$，求 $\frac{\partial z}{\partial x}$，$\frac{\partial^2 z}{\partial x\partial y}$，$\frac{\partial^2 z}{\partial y^2}$。

In[1]：= z = f[x y^2, x^2 y]；

In[2]：= D[z, x]

Out[2] = 2x y $f^{(0,1)}$[x y^2, x^2 y] + y^2 $f^{(1,0)}$[x y^2, x^2 y]

In[3]：= D[z, x, y]

Out[3] = 2x $f^{(0,1)}$[x y^2, x^2 y] + 2y $f^{(1,0)}$[x y^2, x^2 y] + 2x y(x^2 $f^{(0,2)}$[x y^2, x^2 y] + 2x y $f^{(1,1)}$[x y^2, x^2 y]) + y^2(x^2 $f^{(1,1)}$[x y^2, x^2 y] + 2x y $f^{(2,0)}$[x y^2, x^2 y])

In[4]：= D[z, {y, 2}]

Out[4] = 2x $f^{(1,0)}$[x y^2, x^2 y] + x^2(x^2 $f^{(0,2)}$[x y^2, x^2 y] + 2x y $f^{(1,1)}$[x y^2, x^2 y]) + 2x y(x^2 $f^{(1,1)}$[x y^2, x^2 y] + 2x y $f^{(2,0)}$[x y^2, x^2 y])

此例表明 Mathematica 对于抽象的复合函数也能求导，其强大的符号运算功能由此可见一斑。

4.1.3　求积分

相对于求导和微分，积分过程要复杂得多。积分包括不定积分和定积分，在 Mathematica 中，都可以通过函数 Integrate[ ]来完成（表 4.3）。

表 4.3　求积分的函数

函数格式	函数功能
Integrate[f, x]	求 $f(x)$ 的一个原函数，即 $\int f(x)\mathrm{d}x$
Integrate[f, x, y]	求 $f(x,\ y)$ 的二重积分，即 $\iint f(x,y)\mathrm{d}x\mathrm{d}y$，多重积分函数类似
Integrate[f, {x, a, b}]	求 $f(x)$ 的定积分，即 $\int_a^b f(x)\mathrm{d}x$
Integrate[f, {x, a, b}, {y, φ1, φ2}]	求 $f(x,\ y)$ 的多重定积分，即 $\int_a^b\int_{\varphi1(x)}^{\varphi2(x)} f(x,y)\mathrm{d}y\mathrm{d}x$
NIntegrate[f, {x, a, b}]	求定积分 $\int_a^b f(x)\mathrm{d}x$ 的数值解
NIntergrate[f, {x, a, x1, x2, …, b}]	求定积分 $\int_a^b f(x)\mathrm{d}x$ 的数值解，在 x_i 点检验其奇异性

例 8　求不定积分：(1) $\int x^n\mathrm{d}x$；(2) $\int(ax^2+b)\mathrm{d}x$；(3) $\int e^{x^2}\arctan x\mathrm{d}x$。

In[1]：= Integrate[x^n, x]

Out[1] = $\frac{x^{1+n}}{1+n}$

In[2]: = Integrate[a x^2 + b, x]

Out[2] = $b\ x + \frac{a\ x^3}{3}$

In[3]: = $\int e^{x^2}$ ArcTan[x] dx

Out[3] = $\int e^{x^2}$ ArcTan[x] dx

直接使用模板中的积分符号，比输入积分函数名 Integrate[ ]方便得多。

关于积分结果，有下面几点说明：

（1）积分运算在输出结果中省略了积分常数，由于任意常数的微分为 0，所以给不定积分加上一个常数，得到的还是原来的被积函数，即：

In[4]: = D[%2 + c, x]

Out[4] = $b + ax^2$

（2）当在一个积分函数中出现参数而计算不定积分的时候，Mathematica 总是假定其为最普通的值，不考虑其取特殊值的情况。例如，In[1]积分式中的 n，就没有考虑 $n = -1$ 的情形，如果指定 $n = -1$，则有下面的运算：

In[5]: = Integrate[x^(-1), x]

Out[5] = Log[x]

但对于定积分，运算情况就不同了，参见下面例 11。

（3）In[2]中变量 a 与 b 被当作常量，因为函数 Integrate 假定不直接包含在积分式子里的变量均独立于积分变量。

（4）In[3]的运算返回原式，表示系统无法用我们熟悉的形式来表示。

（5）对于积分结果，虽然 Mathematica 尽可能地给出最通用的形式，但如果与我们熟悉的高等数学中的结果形式不同，就需要作些化简或转换。

例 9　求定积分 $\int_0^1 \frac{\ln(1+x)}{1+x^2}dx$、$\int_a^b (x^2-1)dx$ 和重积分 $\int_a^b \int_{x-1}^{x+1} (x^2-y^2)dxdy$。

In[1]: = $\left\{\int_0^1 \frac{\text{Log}[1+x]}{1+x^2}dx, \int_a^b (x^2-1)dx, \int_a^b \int_{x-1}^{x+1} (x^2-y^2)dydx\right\}$

Out[1] = $\left\{\frac{1}{8}\pi\ \text{Log}[2],\ a - \frac{a^3}{3} - b + \frac{b^3}{3},\ \frac{2\ (a-b)}{3}\right\}$

例 10　求重积分 $\iint_D xydxdy$，其中 D 是由抛物线 $y^2 = x$ 及直线 $y = x - 2$ 所围成的闭区域。

求解时，利用 Mathematica 的绘图函数（绘图函数在第 5 章中详细介绍）先画出抛物线和直线。

In[1]: = Plot[{$\sqrt{x}$, $-\sqrt{x}$, x - 2}, {x, 0, 4.5}, AxesLabel→{"x", "y"}]

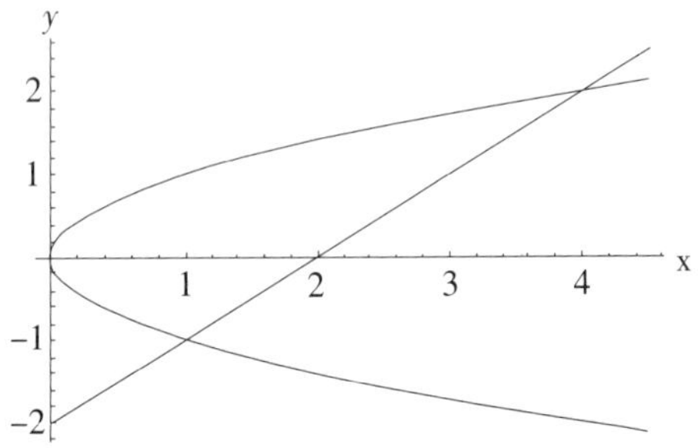

Out[1] = - Graphics -

可见抛物线和直线的交点为(1, -1)和(4, 2)，得到积分区域 $D=\{(x, y) \mid y^2 \leqslant x \leqslant y+2, -1 \leqslant y \leqslant 2\}$，从而可求积分：

In[1]: = $\int_{-1}^{2}\left(\int_{y2}^{y+2} x\ y dx\right)dy$

Out[2] = $\frac{45}{8}$

函数 Integrate[ ]还可以带参数选项，通过这些参数，可以更加灵活地求解积分。积分参数选项主要有两个：

PrincipalValue -> True，是否求柯西主值，默认值为 False。

GenerateConditions -> False，结果中是否显式地给出条件，默认值为 True。

例 11　求积分：(1) $\int_{-1}^{1}\frac{dx}{x}$；(2) $\int_{0}^{1}\frac{dx}{x^n}$。

先求 (1)：

In[1]: = $\int_{-1}^{1}\frac{1}{x}dx$

Integrate: : idiv:

Integral of $\frac{1}{x}$ does not converge on {-1, 1}. More...

Out[1] = $\int_{-1}^{1}\frac{1}{x}dx$

上述错误信息表示，函数$\frac{1}{x}$在区间[-1, 1]上的积分是发散的，但是该函数的柯西主值是有限的，因此如果在 Integrate 函数中加入积分选项参数，可得结果：

In[2]: = Integrate[1/x, {x, -1, 1}, PrincipalValue→True]
Out[2] = 0

再求（2）：

In[3]: = $\int_0^1 \frac{1}{x^n} dx$

Out[3] = If$\left[Re[n] < 1, \frac{1}{1-n}, Integrate[x^{-n}, \{x, 0, 1\}, Assumptions \to Re[n] \geq 1] \right]$

In[4]: = Integrate[1/x^n, {x, 0, 1}, GenerateConditions→False]

Out[4] = $\frac{1}{1-n}$

在例 8 关于积分结果的说明（2）中提到，求型如$\frac{1}{x^n}$的不定积分时，系统一般不考虑 n 的特殊值，但求定积分则不同，参数 n 要满足一定的条件，积分才会有结果。如果设置 GenerateCondition -> False，则系统将把参数 n 当成普通值，而不是特殊值，结果中就不会显式地给出条件 If。

此外，前面章节中介绍过的给运算加上一些附加条件的选项参数 $Assumptions，和 Assuming、Refine 等函数也可以起到一定的作用，如下例。

例 12 求 $\int_0^1 \frac{x^b - x^a}{\ln x} dx \quad (0 < a < b)$。

In[1]: = $\int_0^1 \frac{x^b - x^a}{Log[x]} dx$

Out[1] = If$\left[Re[a] > -1 \&\& Re[b] > 1, -Log[1+a] + Log[1+b], Integrate\left[-\frac{x^a}{Log[x]} + \frac{x^b}{Log[x]}, \{x, 0, 1\}, Assumptions \to !\ (Re[a] > -1 \&\& Re[b] > -1) \right] \right]$

但用 Assuming 或 Refine 函数，即可得结果：

In[2]: = Assuming$\left[b > a > 0, \int_0^1 \frac{x^b - x^a}{Log[x]} dx \right]$

Out[2] = -Log[1 + a] + Log[1 + b]

In[3]: = Refine$\left[\int_0^1 \frac{x^b - x^a}{Log[x]} dx, b > a > 0 \right]$

Out[3] = -Log[1 + a] + Log[1 + b]

也可以用系统变量 $Assumptions：

In[4]: = temp = $Assumptions; $Assumptions = b > a > 0;

In[5]: = $\int_0^1 \frac{x^b - x^a}{Log[x]} dx$

Out[5] = - Log[1 + a] + Log[1 + b]
In[6]: = $Assumptions = temp;

例 13　求数值积分 $\int_0^{\infty} \sin x dx$。

在实际应用中，定积分有时不一定能求出其精确解，只需求其近似解即可。

In[1]: = Integrate[Sin[x], {x, 0, ∞}]
Integrate:: idiv: Integral of Sin[x] does not converge on {0, ∞}. More...
Out[1] = $\int_0^{\infty} \mathrm{Sin}[x] dx$
In [2]: = NIntegrate[Sin[x], {x, 0, ∞}]
NIntegrate:: ncvb:
NIntegrate failed to converge to prescribed accuracy after 7
recursive bisections in x near x = 1.9939919252733317`* ^19. More
Out[2] = -7.13746×10^{17}

4.1.4　无穷级数

下面主要介绍无穷级数的求和、求积，以及把函数展开为幂级数（表 4.4）。

表 4.4　无穷级数运算的函数

函数格式	函数功能
Sum[f, {n, nmin, nmax}]	求给定范围的级数和，即 $\sum_{n=nmin}^{nmax} f(n)$ ，其中所给范围可以是 $(-\infty, +\infty)$
Product[f, {n, nmin, nmax}]	求给定范围的级数积，即 $\prod_{n=nmin}^{nmax} f(n)$
Series[f, {x, x_0, n}]	把 $f(x)$ 在 $x = x_0$ 处展开成 n 次幂级数
Series[f, {x, x_0, n}, {y, y_0, m}]	将二元函数 $f(x,y)$ 在点 (x_0, y_0) 处先对 y 展开成 m 阶，然后对 x 展开成 n 阶的二元幂级数
Normal[expr]	去掉幂级数 expr 的余项
SeriesCoefficient[expr, n]	找出幂级数 expr 的 n 次项系数

例 14　求：（1）$\sum_{k=0}^{n} k^3$ ；（2）$\sum_{n=0}^{\infty} \frac{x^n}{n!}$ ；（3）$\sum_{n=1}^{\infty} n!x^n$ 。

In[1]: = Sum[k^3, {k, 0, n}]
Out[1] = $\frac{1}{4} n^2 (1 + n)^2$

In[2]: = $\sum_{n=0}^{\infty} \frac{x^n}{n!}$

Out[2] = e^x

In[3]: = $\sum_{n=1}^{\infty} n!\ x^n$

Sum::div:Sum does not converge. More...

Out[3] = $\sum_{n=1}^{\infty} x^n n!$

In[1]是求多项式的和，In[2]是求幂级数的和，由于该幂级数的收敛域是(-∞，+∞),故得结果，而In[3]中级数仅在 $x=0$ 处收敛，故结果提示级数发散。

例 15 将函数 $f(x) = \dfrac{1}{x^2+4x+3}$ 展开成 $(x-1)$ 的幂级数。

In[1]: = Series$\left[\frac{1}{x^2+4x+3}, \{x, 1, 8\}\right]$

Out[1] = $\frac{1}{8} - \frac{3\ (x-1)}{32} + \frac{7}{128}\ (x-1)^2 - \frac{15}{512}\ (x-1)^3 + \frac{31\ (x-1)^4}{2048} - \frac{63\ (x-1)^5}{8192} + \frac{127\ (x-1)^6}{32768} - \frac{255\ (x-1)^7}{131072} + \frac{511\ (x-1)^8}{524288} + O[x-1]^9$

Out[1]是函数 $f(x)$ 的泰勒级数，$O[x-1]^9$ 表示被省略的项。

In[2]: = Normal[%]

Out[2] = $\frac{1}{8} - \frac{3}{32}\ (-1+x) + \frac{7}{128}\ (-1+x)^2 - \frac{15}{512}\ (-1+x)^3 + \frac{31\ (-1+x)^4}{2048} - \frac{63\ (-1+x)^5}{8192} + \frac{127\ (-1+x)^6}{32768} - \frac{255\ (-1+x)^7}{131072} + \frac{511\ (-1+x)^8}{524288}$

In[2]将幂级数的余项去掉，即转换成一个多项式。

例 16 将 $f(x)$ 在 $x = 0$ 处展开成 5 阶幂级数。

In[1]: = f[x] + 0[x]^6

Out[1] = $f[0] + f'[0]x + \frac{1}{2}f''[0]x^2 + \frac{1}{6}f^{(3)}[0]x^3 + \frac{1}{24}f^{(4)}[0]x^4 + \frac{1}{120}f^{(5)}[0]x^5 + 0[x]^6$

如果直接把 $0[x]^n$ 加在函数后面，可生成最高项为 x^{n-1} 的幂级数。此例也表明抽象函数也可以通过 Series 函数展开。

幂级数的运算包括幂级数的四则运算、对幂级数的求导、求积分等等，幂级数的运算相当于对幂级数中的每一项进行运算，例如：

In[1]: = Series[Sin[x], {x, 0, 6}]

Out[1] = $x - \frac{x^3}{6} + \frac{x^5}{120} + 0[x]^7$

In[2]: = D[%, x]

$$Out[2] = 1 - \frac{x^2}{2} + \frac{x^4}{24} + 0[x]^6$$

In[3]: = Integrate[%, x]

$$Out[3] = x - \frac{x^3}{6} + \frac{x^5}{120} + 0[x]^7$$

在 Mathematica 中，可以把展开的幂级数看成多项式，用前面介绍的方法来实现相关的运算，在此不再赘述。

4.1.5　求解微分方程

所谓微分方程，就是表示未知函数、未知函数的导数与自变量之间的关系的方程，例如，$\frac{dy}{dx} + y = \sin^2 x$ 与 $y^{(4)} - 2y''' + 5y'' = 0$ 都是微分方程。未知函数是一元函数的为常微分方程，未知函数是多元函数的为偏微分方程。求解微分方程就是寻找未知函数的表达式，在 Mathematica 中，求解微分方程的函数是 DSolve（表 4.5）。

表 4.5　求微分方程解的函数

函数格式	函数功能
DSolve[eqn, y[x], x]	求方程 eqn 的通解 y[x]，x 是自变量，如果 y[x]用 y 表示，得到的解是纯函数形式
DSolve[{eqn, $y[x_0] == y_0$}, y[x], x]	求满足条件 $y[x_0] = y_0$ 的特解 y[x]
DSolve[{eqn1, eqn2, …}, {$y_1[x]$, $y_2[x]$, …}, x]	求方程组 eqn1, eqn2, … 的通解 $y_1[x]$, $y_2[x]$, …
DSolve[{eqn1, …, $y_1[x_0] == y_{10}$, …}, {$y_1[x]$, …}, x]	求方程组满足条件 $y_1[x_0] == y_{10}$，…的特解 y[x]
NDSolve[{eqn, $y[x_0] == y_0$}, y, {x, xmin, xmax}]	求微分方程满足初始条件，并在 x∈[xmin, xmax]范围内的数值解

例 17　求微分方程 $y' - xy' = a(y^2 + y')$ 的通解。

In[1]: = DSolve[D[y[x], x] - x D[y[x], x] == a (y[x]^2 + D[y[x], x]), y[x], x]

$$Out[1] = \left\{\left\{y[x] \to \frac{1}{-C[1] + a\ Log[-1 + a + x]}\right\}\right\}$$

In[1]中未知函数总带有自变量，即表示为 y[x]，其微分可用求微分函数 D[y[x], x]，或用 y′[x]来表示。

如果 DSolve[ ]中第二个参数 y[x]不带自变量，即表示为 y，则得到的解是纯函数形式：

```
In[2]: = DSolve[D[y[x], x] - x D[y[x], x] == a (y[x]^2 + D[y[x], x]), y, x]
```

$$\text{Out[2]} = \left\{\left\{y \to \text{Function}\left[\{x\}, \frac{1}{-C[1] + a\,\text{Log}[-1 + a + x]}\right]\right\}\right\}$$

微分方程的通解中含有任意常数，且任意常数个数与微分方程的阶数相同，在 Mathematica 中通解的任意常数用 C[1]、C[2]…表示。

在常微分方程教材中，此微分方程的通解一般是隐式解，如 $\frac{1}{y} = a\ \ln|x + a - 1| + c$，而在 Mathematica 中，通解一般是显式解。

例 18 求微分方程 $\frac{\mathrm{d}^2 x}{\mathrm{d}t^2} + k^2 x = 0$ 的解，并求满足初始条件 $x|_{t=0} = A$，$\left.\frac{\mathrm{d}x}{\mathrm{d}t}\right|_{t=0} = 0$ 的特解。

```
In[1]: = eqn1 = D[x[t], {t, 2}] + k^2x[t] = = 0;
In[2]: = DSolve[eqn1, x[t], t]
Out[2] = {{x[t]→C[1]Cos[k t] + C[2]Sin[k t]}}
In[3]: = eqn2 = {eqn1, x[0] = = A, x'[0] = = 0};
In[4]: = DSolve[eqn2, x[t], t]
Out[4] = {{x[t]→A Cos[k t]}}
```

In[2]求方程的解，得到的解为 $x = c_1\cos kt + c_2\sin kt$，In[4]进一步求满足初始条件的特解，得所求的特解为 $x = A\cos kt$。注意 In[3]对初始条件的描述中要用“= =”代替原来的等号。

例 19 求微分方程组 $\begin{cases}\frac{\mathrm{d}y}{\mathrm{d}x} = 3y - 2z \\ \frac{\mathrm{d}z}{\mathrm{d}x} = 2y - z\end{cases}$ 的解。

```
In[1]: = eqn3 = y'[x] = = 3y[x] - 2z[x];
In[2]: = eqn4 = z'[x] = = 2y[x] - z[x];
In[3]: = DSolve[{eqn3, eqn4}, {y[x], z[x]}, x]
```

$$\text{Out[3]} = \{\{y[x] \to e^x(1 + 2x)C[1] - 2e^x x\,C[2],\ z[x] \to 2e^x x\,C[1] - e^x(-1 + 2x)C[2]\}\}$$

例 20 求微分方程 $\begin{cases}(1 + x^2)y'' = 2xy' \\ y|_{x=0} = 1,\ y'|_{x=0} = 3\end{cases}$ 的数值解。

```
In[1]: = ns = NDSolve[{(1 + x^2)y''[x] = = 2x y'[x],y[0] = = 1,y'[0] = = 3},y,{x, -5,8}]
Out[1] = {{y→InterpolatingFunction[{{-5.,8.}}, < >]}}
In[2]: = Plot[Evaluate[y[x]/. ns],{x, -5,8}]
```

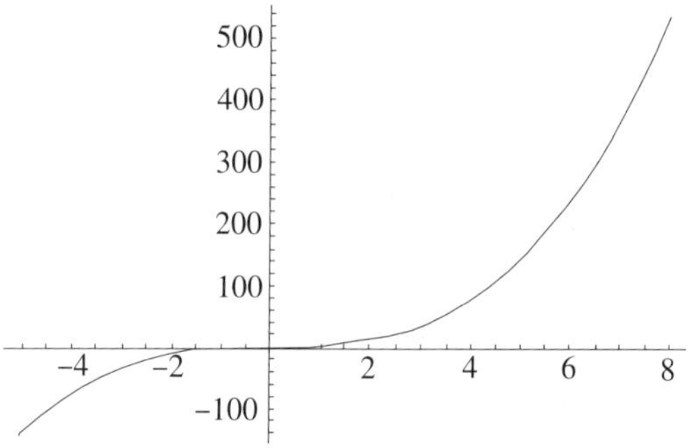

Out[2] = - Graphics -

In[1]中未知函数 y 不带自变量，返回的解是一个关于 y 的插值函数 InterpolatingFunction[ ]，数值解的定义域为(-5，10) 或更小的范围，< >表示数值函数的数据。

In[2]使用“/.”把上面的解作用在函数 y[x]上，然后对函数 y[x]求值，并在给定的 x 区域(-5，10)内绘制图像，具体绘制图形函数及用法将在第 5 章中介绍。

4.2　线性代数

本节介绍线性代数几个主要的问题：

- Mathematica 中向量、矩阵的表示
- 矩阵的构造
- 矩阵基本运算
- 特征值和特征向量
- 线性方程组的求解

4.2.1　Mathematica 中向量、矩阵的表示

前面第 3 章介绍表的章节中已经提到，向量、矩阵在 Mathematica 中都表示为表，例如：行向量 (a, b, c, d) 表示为表{{a，b，c，d}}，列向量 $(a, b, c, d)^T$ 表示为表{{a}，{b}，{c}，{d}}，而矩阵$\begin{pmatrix} a & b \\ c & d \end{pmatrix}$表示为表{{a，b}，{c，d}}。

4.2.2　矩阵的构造

矩阵的构造有下面几种方法：

(1) 以表的形式输入。

例 21 输入矩阵 $A=\begin{pmatrix}2 & 4\\ 5 & -3\end{pmatrix}$，$B=\begin{pmatrix}x & x^2 & x^3\\ y^2 & y^3 & y\\ z^3 & z & z^2\end{pmatrix}$。

In[1]:=A={{2, 4}, {5, -3}}

Out[1]={{2, 4}, {5, -3}}

In[2]:=MatrixForm[%]

Out[2]//MatrixForm= $\begin{pmatrix}2 & 4\\ 5 & -3\end{pmatrix}$

In[3]:=B={{x, x^2, x^3}, {y^2, y^3, y}, {z^3, z, z^2}}//MatrixForm

Out[3]//MatrixForm= $\begin{pmatrix}x & x^2 & x^3\\ y^2 & y^3 & y\\ z^3 & z & z^2\end{pmatrix}$

In[2]的 MatrixForm 函数使 A 的输出为一个矩阵的形式，In[3]中加上//MatrixForm，同样可使输出为一个矩阵形式。

（2）由输入模板构造。

输入模板上有二维空矩阵符号，可通过增加行和列来扩展矩阵，操作为：

增加一行：按 Ctrl + Enter

增加一列：按 Ctrl + ,

然后在各位置上输入矩阵元素。

（3）由函数构造（表 4.6）。

表 4.6 构造矩阵的函数

函数格式	函数功能
Table[f, {i, m}, {j, n}] 或 Array[f, {m, n}]	构造 $m\times n$ 矩阵，f [i, j]为第 i 行第 j 列的元素
Table[Random[ ], {m}, {n}]	构造一个 $m\times n$ 的随机矩阵
Table[If[i<=j, 1, 0], {i, m}, {j, n}]	构造一个上三角矩阵
Table[If[i>=j, 1, 0], {i, m}, {j, n}]	构造一个下三角矩阵
IdentityMatrix[n]	构造一个 n 阶单位矩阵
DiagonalMatrix[list]	构造一个对角矩阵，list 中的元素为对角线上的元素

例 22　构造下列矩阵：$\begin{pmatrix} a_{11} & a_{12} & a_{13} \\ a_{21} & a_{22} & a_{23} \end{pmatrix}$，$\begin{pmatrix} 1 & 0 & 0 \\ 0 & 1 & 0 \\ 0 & 0 & 1 \end{pmatrix}$及$\begin{pmatrix} 3 & 3 & 3 & 3 \\ 2 & 3 & 3 & 3 \\ 2 & 2 & 3 & 3 \\ 2 & 2 & 2 & 3 \end{pmatrix}$。

In[1]: = Table[a[i, j], {1, 2}, {j, 3}]

Out[1] = {{a[1, 1], a[1, 2], a[1, 3]}, {a[2, 1], a[2, 2], a[2, 3]}}

In[2]: = MatrixForm[%]

Out[2]//MtatrixForm = $\begin{pmatrix} a[1, 1] & a[1, 2] & a[1, 3] \\ a[2, 1] & a[2, 2] & a[2, 3] \end{pmatrix}$

In[3]: = IdentityMatrix[3]//MatrixForm

Out[3]//MtatrixForm = $\begin{pmatrix} 1 & 0 & 0 \\ 0 & 1 & 0 \\ 0 & 0 & 1 \end{pmatrix}$

In[4]: = MatrixForm = [Table[If[i≤j, 3, 2], {i, 4}, {j, 4}]]

Out[4]//MatrixForm = $\begin{pmatrix} 3 & 3 & 3 & 3 \\ 2 & 3 & 3 & 3 \\ 2 & 2 & 3 & 3 \\ 2 & 2 & 2 & 3 \end{pmatrix}$

4.2.3　矩阵的基本运算

矩阵的基本运算包括加法、数乘、乘法、转置、逆矩阵，以及矩阵的初等变换等。

1. 矩阵的加法与乘法

（1）我们知道，在线性代数中，相同维数的矩阵才能相加，并且矩阵 $-A$ 为 A 的负矩阵，因此 $A-B=A+(-B)$。

（2）矩阵的数量乘法简称数乘，比如 kA，其中 k 为一个数，A 为矩阵。向量、矩阵的加减和数乘运算，可以直接用一般的运算符实现。

（3）两个向量或矩阵的相乘使用符号“.”，即 AB 在 Mathematica 中表示为 $A.B$。注意，当向量与矩阵相乘时，Mathematica 自动把向量看做行向量或列向量，例如矩阵 m 与向量 v，当 $m.v$ 时，v 被看做列向量，而当 $v.m$ 时，v 被看做行向量。

2. 转置与逆矩阵

求转置与逆矩阵函数如表 4.7 所示。

表 4.7 求矩阵转置与逆矩阵函数

函数格式	函数功能
Transpose[A]	求矩阵 A 的转置矩阵
Inverse[A]	求矩阵 A 的逆矩阵
Det[A]	求方阵 A 的行列式值
Minors[A, k]	求矩阵 A 的所有 k 阶子阵
MatrixPower[A, n]	求矩阵 A 的 n 次幂
m[[i]]	矩阵 m 的第 i 行元素
m[[i,j]]	矩阵 m 的第 i 行、第 j 列元素
m[[All, j]]	矩阵 m 的第 j 列元素
Tr[m, list]	提取方阵 m 的主对角线元素，组成表 list
Dimensions[m]	求矩阵 m 的行、列数

例 23 设矩阵 $a=\begin{pmatrix}0 & 3 & -2\\ 2 & 1 & 5\\ -3 & 0 & 9\end{pmatrix}$，$b=\begin{pmatrix}1 & 0 & -1\\ 2 & -6 & 5\\ 8 & 0 & 0\end{pmatrix}$。求：(1) ab；(2) a^{-1}，并验证 $aa^{-1}=I$；(3) b 的转置矩阵 b' 及 b 的行列式值；(4) a 中的元素 a_{31} 及 b 中的第 3 列元素。

In[1]: = a = $\begin{pmatrix}0 & 3 & -2\\ 2 & 1 & 5\\ -3 & 0 & 9\end{pmatrix}$; b = $\begin{pmatrix}1 & 0 & -1\\ 2 & -6 & 5\\ 8 & 0 & 0\end{pmatrix}$;

In[2]: = mab = a. b//MatrixForm

Out[2]//MatrixForm = $\begin{pmatrix}-10 & -18 & 15\\ 44 & -6 & 3\\ 69 & 0 & 3\end{pmatrix}$

In[1]中利用输入模板输入矩阵 a，b，并不显示，In[2]使这两个矩阵相乘，注意矩阵相乘中间要加“.”，结果以矩阵形式显示。

In[3]: = ia = Inverse[a]//MatrixForm

Out[3]//MatrixForm = $\begin{pmatrix}-\frac{3}{35} & \frac{9}{35} & -\frac{17}{105}\\ \frac{11}{35} & \frac{2}{35} & \frac{4}{105}\\ -\frac{1}{35} & \frac{3}{35} & \frac{2}{35}\end{pmatrix}$

In[4]: = MatrixPower[a, -1] //MatrixForm

$$\text{Out [4] //MatrixForm} = \begin{pmatrix} -\frac{3}{35} & \frac{9}{35} & -\frac{17}{105} \\ \frac{11}{35} & \frac{2}{35} & \frac{4}{105} \\ -\frac{1}{35} & \frac{3}{35} & \frac{2}{35} \end{pmatrix}$$

In[3]中 a 的逆矩阵记为 ia，In[4]求矩阵的 n 次幂，当 $n=-1$ 时，相当于求矩阵的逆阵。下面验证 $AA^{-1}=I$：

In[5]: = a. ia

$$\text{Out[5]} = \{\{0, 3, -2\}, \{2, 1, 5\}, \{-3, 0, 9\}\}.\begin{pmatrix} -\frac{3}{35} & \frac{9}{35} & -\frac{17}{105} \\ \frac{11}{35} & \frac{2}{35} & \frac{4}{105} \\ -\frac{1}{35} & \frac{3}{35} & \frac{2}{35} \end{pmatrix}$$

可见矩阵 a 与其逆矩阵 ia 相乘，得不到预期的单位矩阵 I，这是因为前面 ia 的输出形式是矩阵而不是表，所以表与矩阵无法运算，下面的 In[6]中 a 与表示为表的逆阵相乘，即得单位矩阵。

In[6]: = a. Inverse[a]//MatrixForm

$$\text{Out[6]//MatrixForm} = \begin{pmatrix} 1 & 0 & 0 \\ 0 & 1 & 0 \\ 0 & 0 & 1 \end{pmatrix}$$

下面 In[7]分别求 b 的转置矩阵和行列式值：

In[7]: = {Transpose[b]//MatrixForm, Det[b]}

$$\text{Out[7]} = \left\{\begin{pmatrix} 1 & 2 & 8 \\ 0 & -6 & 0 \\ -1 & 5 & 0 \end{pmatrix}, -48\right\}$$

In[8]: = {a31 = a[[3, 1]], b3c = b[[All, 3]]}

Out[8] = {-3, {-1, 5, 0}}

In[8]获取矩阵中某些元素的值，结果得 $a_{31}=-3$，而 b 的第 3 列元素为 $(-1, 5, 0)^{T}$。

4.2.4 特征值和特征向量

在线性代数中，满足 $Ax=\lambda x$ 的 λ 称为矩阵 A 的特征值，x 是 A 的对应于特征值 λ 的

特征向量，$f(\lambda)=\det(\lambda I-A)$ 称为 A 的特征多项式（表4.8）。

表 4.8 求特征值和特征向量的函数

函数格式	函数功能
Eigenvalues[m]	求矩阵 m 的特征值组
Eigenvectors[m]	求矩阵 m 的特征向量组
Eigensystem[m]	求矩阵 m 的特征值及特征向量
Det[m - x * IdentityMatrix[n]]	求 n 阶矩阵 m 的特征多项式
CharacteristicPolynomial[A, x]	求方阵 A 的特征多项式，x 为多项式使用的变量

例 24 求矩阵 $m=\begin{pmatrix}2 & 4\\ 5 & -3\end{pmatrix}$ 的特征多项式、特征值和特征向量。

In[1]: = $m=\begin{pmatrix}2 & 4\\ 5 & -3\end{pmatrix}$;

In[2]: = {Det[m - x * IdentityMatrix[2]], CharacterisicPolynomial[m, λ]}

Out[2] = $\{-26+x+x^2,\ -26+\lambda+\lambda^2\}$

可见求特征多项式有两个函数可用。

In[3]: = Eigenvalues[m]

Out[3] = $\left\{\frac{1}{2}(-1-\sqrt{105}),\ \frac{1}{2}(-1+\sqrt{105})\right\}$

In[4]: = Eigenvectors[m]

Out[4] = $\left\{\left\{\frac{3}{5}+\frac{1}{10}(-1-\sqrt{105}),\ 1\right\},\ \left\{\frac{3}{5}+\frac{1}{10}(-1+\sqrt{105}),\ 1\right\}\right\}$

实际上，下面 In[5] 中函数 Eigensystem 可同时求得矩阵的特征值及其对应的特征向量：

In[5]: = Eigensystem[m]//MatrixForm

Out[5]//MatrixForm = $\begin{pmatrix}\frac{1}{2}(-1-\sqrt{105}) & \frac{1}{2}(-1+\sqrt{105})\\ \left\{\frac{3}{5}+\frac{1}{10}(-1-\sqrt{105}),\ 1\right\} & \left\{\frac{3}{5}+\frac{1}{10}(-1+\sqrt{105}),\ 1\right\}\end{pmatrix}$

4.2.5 解线性方程组

在线性代数里线性方程组实际上是形如 $mx=b$ 的矩阵方程形式，其中 m 为系数矩阵，x 和 b 都是向量（表4.9）。

表 4.9　求解线性方程组的函数

函数格式	函数功能
LinearSolve[m, b]	求矩阵方程 $mx=b$ 的解
NullSpace[m]	求矩阵方程 $mx=0$ 的解
RowReduce[m]	通过矩阵的初等变换求矩阵的简化形式
MatrixRank[m]	求矩阵 m 的秩

例 25　求线性方程组 $\begin{cases} x_1-3x_2-6x_3+2x_4=-1 \\ x_1-x_2-2x_3+3x_4=0 \\ x_1+5x_2+10x_3-x_4=3 \\ 3x_1+x_2-2x_3+4x_4=1 \end{cases}$ 的解。

首先输入线性方程组 $ax=b$ 的系数矩阵 a 和列向量 b：

In[1]: = a = $\begin{pmatrix} 1 & -3 & -6 & 2 \\ 1 & -1 & -2 & 3 \\ 1 & 5 & 10 & -1 \\ 3 & 1 & -2 & 4 \end{pmatrix}$; b = {-1, 0, 3, 1};

求解一个线性方程组，在 Mathematica 中有多种方法可以利用，下面是其中几种解法：

解法一：

In[2]: = x = Inverse[a]. b

Out[2] = $\left\{\frac{1}{2},\ 0,\ \frac{1}{4},\ 0\right\}$

解法二：

In[3]: = x = {x1, x2, x3, x4};

In[4]: = Solve[a. x = = b]

Out[4] = $\left\{\left\{x1\to\frac{1}{2},\ x2\to 0,\ x3\to\frac{1}{4},\ x4\to 0\right\}\right\}$

解法三：

In[5]: = LinearSolve[a, b]

Out[5] = $\left\{\frac{1}{2},\ 0,\ \frac{1}{4},\ 0\right\}$

LinearSolve[ ]是用向量的形式来表示方程组的解。

解法四：

In[6]: = ab = $\begin{pmatrix} 1 & -3 & -6 & 2 & -1 \\ 1 & -1 & -2 & 3 & 0 \\ 1 & 5 & 10 & -1 & 3 \\ 3 & 1 & -2 & 4 & 1 \end{pmatrix}$;

In[7]: = MatrixRank[ab]

Out[7] =4

In[8]: = RowReduce[ab]//MatrixForm

Out[8]//MatrixForm = $\begin{pmatrix} 1 & 0 & 0 & 0 & \frac{1}{2} \\ 0 & 1 & 0 & 0 & 0 \\ 0 & 0 & 1 & 0 & \frac{1}{4} \\ 0 & 0 & 0 & 1 & 0 \end{pmatrix}$

ab 为方程的增广矩阵，函数 RowReduce[m]用初等线性变换将任意矩阵 m 化简为梯形矩阵，从而可计算矩阵的秩、判断向量组的线性相关性及极大线性无关组。

我们知道，若$|m|=0$，则方程 $mx=b$ 可能有无数多个解，也可能没有解。这时若使用函数 LinearSolve 来求解，则系统会显示警告信息。如果用函数 NullSpace，则可以求出齐次方程 $mx=0$ 的向量解。

例 26 解方程组：$\begin{cases} 3x_1+2x_2+2x_3=0 \\ -2x_1+6x_2-5x_3=0 \\ 2x_1-2x_2+3x_3=0 \end{cases}$

In[9]: = m = $\begin{pmatrix} 3 & 2 & 2 \\ -2 & 6 & -5 \\ 2 & -2 & 3 \end{pmatrix}$;Det[m]

Out[9] =0

In[10]: = NullSpace[m]

Out[10] = {{ -2, 1, 2}}

In[11]: = m. { -2, 1, 2}

Out[11] = {0, 0, 0}

可见系统求出了方程 $mx=0$ 的向量解，In[11]验证了这个解的正确性。

习题四

1. 计算下列极限：(1) $\lim\limits_{x\to 0}\left(\frac{1}{1+ax}-\frac{1}{x}\right)$；(2) $\lim\limits_{n\to\infty}\frac{1+2+\cdots+n}{n^2}$；

(3) $\lim\limits_{x\to\infty}\dfrac{\ln\left(\dfrac{2}{\pi}\arctan x\right)}{e^{-x}}$；(4) $\lim\limits_{x\to0}\left(\dfrac{a^x+b^x+c^x}{3}\right)^{\frac{1}{x}}$　$(a>0,b>0,c>0)$，并化简。

2. 求：(1) $x^n\sin x$ 的 3 阶导数；(2) $f(x)x^2$ 的导数；(3) e^y+xy-e 的全微分；

(4) 函数 $f(x,y,z)=\sin(x^2y)e^{-x^2y-z^2}$ 的偏导数 $\dfrac{\partial^4 f(x,y,z)}{\partial x^2\partial y\partial z}$。

3. 验证由方程 $y^5+2y-x-3x^7=0$ 所确定的隐函数在 $x=0$ 处的导数 $\left.\dfrac{dy}{dx}\right|_{x=0}=\dfrac{1}{2}$。

4. 确定常数 a，使函数

$$f(x)=\begin{cases}x\sin\dfrac{1}{x},x>0\\ a+x^2,x\leqslant 0\end{cases}$$

在 $x=0$ 点连续。

5. 计算下列积分：

(1) $\displaystyle\int\frac{dx}{x^4-a^4}$；　　(2) $\displaystyle\iiint yz\cos xy\,dxdydz$；

(3) $\displaystyle\int_0^{\frac{\pi}{2}}\frac{d\varphi}{1+\cos\varphi}$；　　(4) $\displaystyle\int_0^{+\infty}e^{-at}\sin\beta t\,dt(\alpha>0,\beta>0)$。

6. 建立一个 10 项的表，它的每项 s_n 是 $\sin x$ 在 $x=1$ 点的值与 $\sin x$ 在 0 点的 n 阶幂级数展开式在 $x=1$ 点的值之差（$n=1$，2，…，10），要求 8 位精度。

7. 求微分方程 $\begin{cases}y'=ay\\ y(0)=5\end{cases}$ 的特解。

8. 求微分方程 $\begin{cases}y^{(3)}+y''+y'=-y^3\\ y(0)=1,\ y'(0)=y''(0)=0\end{cases}$ 的数值解，并画出解函数在（0，20）之间的曲线。

9. 建立一个 10 阶 Hilbert 矩阵，即 $A=\begin{bmatrix}1 & 1/2 & 1/3 & \cdots\\ 1/2 & 1/3 & 1/4 & \cdots\\ 1/3 & 1/4 & 1/5 & \cdots\\ \cdots & \cdots & \cdots & \cdots\end{bmatrix}$，以矩阵形式输出。

(1) 将矩阵 A 的全部奇数行提取出来，赋予矩阵 B；

(2) 求矩阵 A 的特征变量、特征值及特征多项式。

10. 解线性方程组 $\begin{cases}x_1+x_2+x_3=1\\ 2x_2+2x_3=1\\ x_1-x_2=2\end{cases}$。

第5章　图 形 绘 制

函数图形的绘制和计算的可视化是 Mathematica 的另一大功能，对于显示和探索运算结果有相当大的作用。Mathematica 的图形函数十分丰富，可以作出一元函数、二元函数、由参数方程确定的函数，以及隐函数等的图形。此外，图形可以通过变量或文件存储和显示，使得对图形的处理更方便灵活。

本章将介绍函数的作图，包括一元函数（二维图形）、二元函数（三维图形）的作图，以及这些作图函数中常用可选项的应用。

5.1　二维图形

一元函数的图形、平面离散点形成的图形，都是二维图形。Mathematica 的图形函数中，最常用且有代表性的函数为：

Plot[f, {x, xmin, xmax}, 可选项]

其中 f 为函数表达式，x 为自变量，xmin 和 xmax 分别为上限和下限，确定了作图的范围，可选项将对图形作更多的要求，使得图形显示的形式多种多样，包括图形的着色、光照、旋转等等，不加可选项系统将会按可选项的默认值作图。

5.1.1　基本作图

二维图形的作图函数如表 5.1 所示。

表 5.1　二维图形的作图函数

函数格式	函数功能
Plot[f, {x, xmin, xmax}]	作出函数 $f(x)$ 在区间[$x$min, $x$max]上的图形
Plot[{f1, f2, …}, {x, xmin, xmax}]	在同一坐标轴上作出函数 f_1, f_2, … 在区间[xmin, xmax]上的图形

续上表

函数格式	函数功能
Plot[Evaluate[f], {x, xmin, xmax}]	先计算函数 $f(x)$ 在区间[xmin, xmax]上的值，再作出函数的图形。
Plot[Evaluate[Table[f1, f2, …]], {x, xmin, xmax}]	先计算 f_1, f_2, …在区间[xmin, xmax]上的值，再作出这些函数在同一坐标轴上的图形
Show[g1, g2, …]	同时将图形 g_1, g_2, …显示在一个坐标系里

例 1 作出下列函数的图形：

(1) $y=3x^4-4x^3+1$, $x\in[-2, 2]$；(2) $y=\sin\frac{1}{x}$, $x\in[-5, 5]$。

```
In[1]: = Plot[3x^4 - 4x^3 + 1, {x, -2, 2}]
In[2]: = Plot[Sin[1/x], {x, -2, 2}]
```

运行后输出结果如图 5.1 和图 5.2 所示。

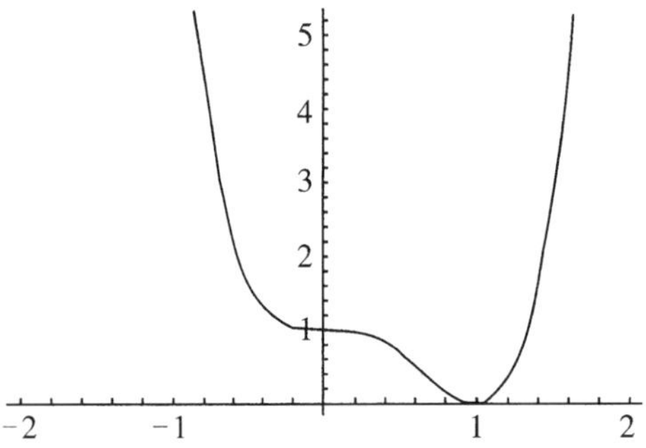

Out [1] = - Graphics -

图 5.1

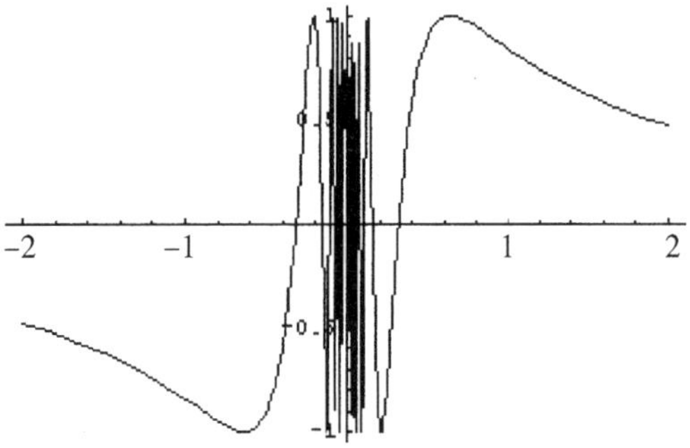

Out [2] = - Graphics -

图 5.2

函数 $y=\sin\frac{1}{x}$ 在点 $x=0$ 没有定义，函数值在 $x\to 0$ 时在 -1 和 1 之间变动无限多次，点 $x=0$ 称为函数的振荡间断点，说明 Mathematica 可以作出有间断点的函数图形。

例 2 在同一个坐标系中作出函数 $y=\cos x$, $y=\frac{1}{2}\sin 3x$, $y=-3\cos 2x$ 在区间 $[-3, 3]$ 上的图形。

```
In[1]: = Plot[{Cos[x], Sin[3x]/2, -3Cos[2x]}, {x, -Pi, Pi}];
```

Plot 函数后加“;”，可省略图形输出符号“ - Graphics - ”，运行后图形如图 5.3 所示。

例 3 作出函数 $\int (x^2-1)\mathrm{d}x$ 在[-2, 2]的图形。

In[1]: = Plot[Evaluate[$\int$(x² - 1)dx],{x, -2,2}];

运行后图形如图 5.4 所示。

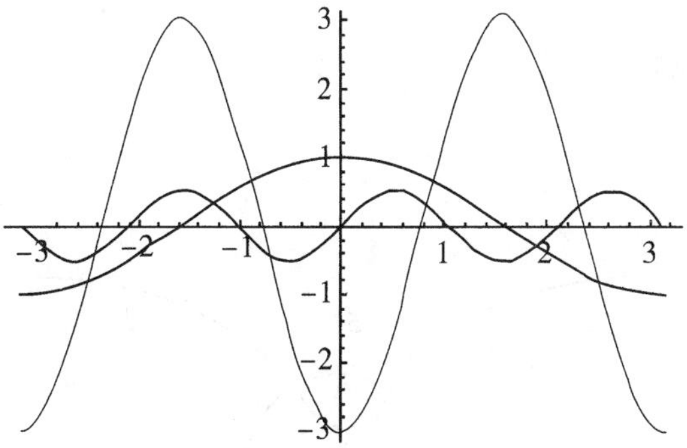

图 5.3

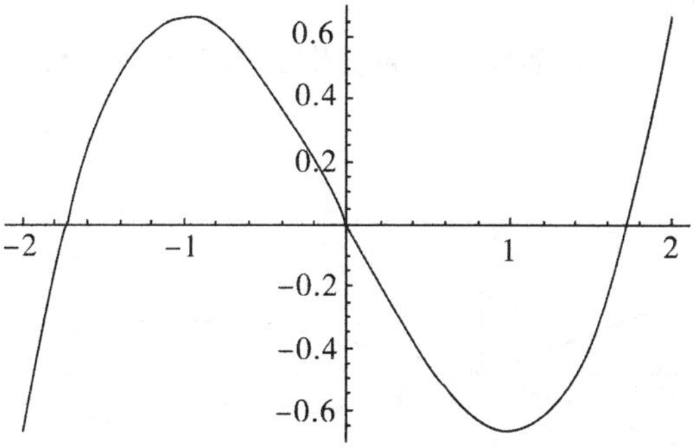

图 5.4

本例如果不用 Evaluate 函数，将会出错。Evaluate 函数作用是先计算函数值，再作图，这样可以避免出错点，还可提高作图的速度。

第 4 章中例 20 求微分方程数值解时已经用过这种方法绘制函数图形，它是先用函数 NSolve[ ]求出微分方程的数值解，再用数值解构造插值函数，并画出微分方程解的图形。

5.1.2 参数方程作图

在 Mathematica 中，绘制由参数方程 $\begin{cases} x=\varphi(t) \\ y=\psi(t) \end{cases}$ 所确定的函数图形的函数如表 5.2 所示。

表 5.2 参数方程作图函数

函数格式	函数功能
ParametricPlot[{x(t), y(t)}, {t, a, b}]	绘制由参数方程确定的函数的图形
ParametricPlot[{{x1(t), y1(t)}, {x2(t), y2(t)}, …}, {t, a, b}]	在一个坐标系上绘制多个由参数方程给出的函数的图形

例 4 分别绘制下列由参数方程所确定的函数的图形：

(1) $\begin{cases} x = 1 - t^2 \\ y = t - t^3 \end{cases}$；　　(2) $\begin{cases} x = t - \sin t \\ y = 1 - \cos t \end{cases}$ 及 $\begin{cases} x = \sin t \\ y = \cos t \end{cases}$。

In[1]:= ParametricPlot[{1 - t^2, t - t^3}, {t, -2, 2}];

In[2]:= ParametricPlot[{{t - Sin[t], 1 - Cos[t]}, {Sin[t], Cos[t]}}, {t, -π, π}, AspectRatio→Automatic];

运行后输出结果分别如图 5.5 和图 5.6 所示。

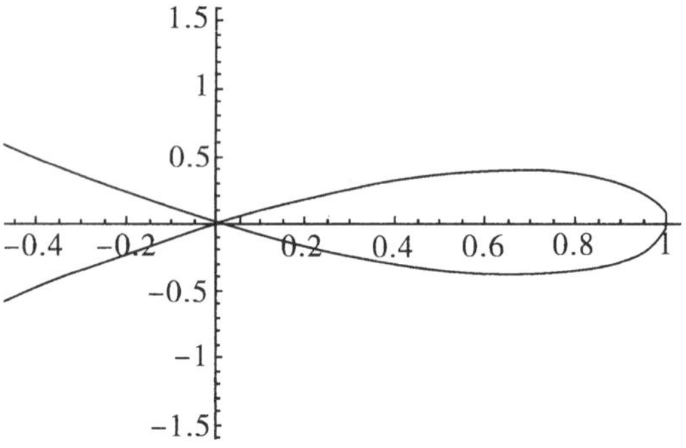

图 5.5

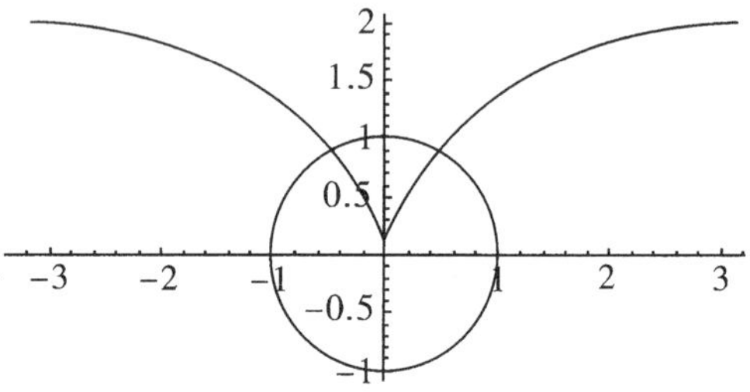

图 5.6

5.1.3 极坐标方程作图

极坐标方程的作图有两种方法：

(1) 把极坐标方程转换为直角坐标方程，转换关系式为：$\begin{cases} x = \rho\cos\theta \\ y = \rho\sin\theta \end{cases}$，再利用 ParametricPlot[ ]函数绘图。

例 5 作出极坐标方程 $\rho = 2\cos 2\theta$ 的图形。

In[1]:= ρ = 2Cos[2θ];

In[2]:= ParametricPlot[{ρ Cos[θ], ρ Sin[θ]}, {θ, 0, 2π}, AspectRatio→Automatic];

运行后结果如图 5.7 所示。

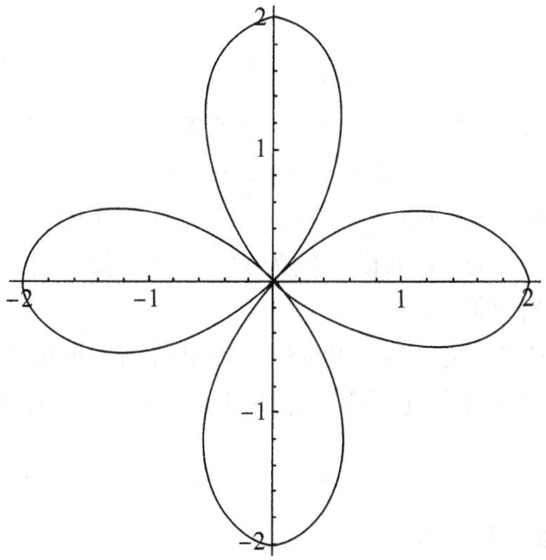

图 5.7

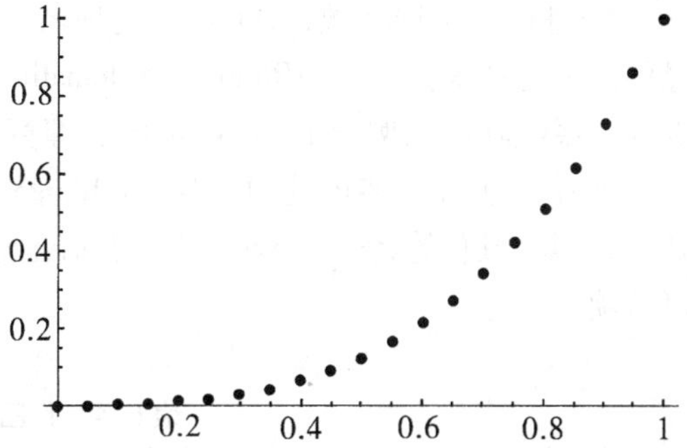

图 5.8

（2）调入 Mathematica 提供的外部绘图程序包 Graphics，然后直接使用 PolarPlot [ ] 函数作图，如上例：

```
In[3]: = << Graphic `Graphics`
In[4]: = PolarPlot[2Cos[2θ], {θ, 0, 2π}]
```

运行后图略。

关于 Mathematica 的外部程序包，将在第 6 章中介绍。

5.1.4 离散点作图

离散点作图函数如表 5.3 所示。

表 5.3 离散点作图函数

函数格式	函数功能
ListPlot[{y1, y2, …}]	画出点列 (i, y_i)
ListPlot[{{x1, y1}, {x2, y2}, …}]	画出点列 (x_i, y_i)

例 6 离散点的图形。

```
In[1]: = ListPlot[Table[{x, x^3}, {x, 0, 1, 0.05}], Prolog→AbsolutePointSize[4]];
```

运行后结果如图 5.8 所示。

5.1.5 作图函数的可选项

以上是 Plot[ ]函数常用的格式及用法，实际上 Plot[ ]还可带其他的参数，完整的函数格式为：Plot[f,{x，xmin，xmax}，option1 -> value1，option2 -> value2，…]，其中 option -> value 为可选参数，option 为选项名，value 为选项值。在上述例 4(2)和例 5 中，已经使用了可选参数 AspectRatio -> Automatic，表示图形的纵横比例为 1∶1，如果没有这一选项，系统默认比例为 1∶GodenRatio，即黄金分割的比例。

Plot[ ]还有很多可选项，如 PlotRange 指定作图的值域，PlotStyle 确定所画图形的线宽、线型、颜色等特性，AxesLabel 表示在坐标轴上作标记等等，表 5.4 是 Plot[ ]常用的可选项。

表 5.4 作图函数常用可选项

可选项	作　用	取　值
PlotRange	指定作图的范围	Automatic（默认值） All 画出所有点 {ymin，ymax} 指定 y 轴的取值范围 {{xmin，xmax}，{ymin，ymax}} 指定 x、y 轴的取值范围
AspectRatio	指定图形的高宽比	1/GoldenRatio（默认值） Automatic 图形高宽比为 1∶1 任意正数　　指定高宽比
Axes	是否显示坐标轴	True 或 Automatic（默认值），显示 False 不显示 {True，False} 或 {False，True} 只显示一个轴
AxesLabel	给坐标轴加上标记	None（默认值）不加标记 {"xlabel","ylabel"} 指定 x、y 轴的标记
AxeStyle	设置坐标轴的颜色、线宽等风格	Automatic（默认值） {style1，style2，…} style 用 RGBColor[ ]，Thickness[ ]等选项
Frame	图形是否加框	False（默认值）不加框 True 加框

续上表

可选项	作　用	取　值
GridLines	是否加网格线	None（默认值）不加网格线 Automatic 自动画网格线 $\{\{x_1, x_2, \cdots\}, \{y_1, y_2, \cdots\}\}$ 指定画网格线的位置
PlotStyle	指定曲线风格	Aotumatic（默认值） RGBColor[r, g, b] 指定曲线红、绿、蓝颜色强度，0≤r, g, b≤1 GrayLevel[i] i 为灰度比值，0≤i≤1 Thickness[t] t 为线条宽度 ……
DisplayFunction	是否显示图形	$DisplayFunction（默认值）显示图形 Identity 不显示图形

在一个 Plot 函数中，可以使用一个或多个可选项，这些选项将同时起作用，改变一个图形的输出效果。Options[Plot]可查看 Plot 函数的可选项及缺省值。

例 7 画出 $y=e^2\cos e^x$ 在[0, π]的图形，y 的取值范围为[-10, 10]，并给坐标轴和函数图形加上标记。

In[1]: = Plot[e^2 Cos[e^x], {x, 0, π}, PlotRange→{ -10, 10}, AxesLabel→{"x", "y"}, PlotLabel→"y = e^2 cose^x"]

运行结果如图 5.9 所示。绘制出来的图形如果需要作某些修改，可以利用 Show 函数，例如把上面的画图范围改变为$[0, \frac{3\pi}{2}]\times[-8, 8]$：

In[2]: = Show[%, PlotRange→{{0, 3π/2}, { -8, 8}}]

得到的图形如图 5.10 所示。

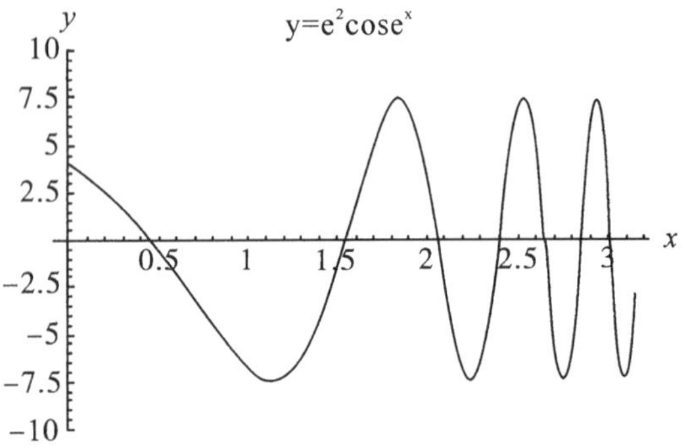

图 5. 9

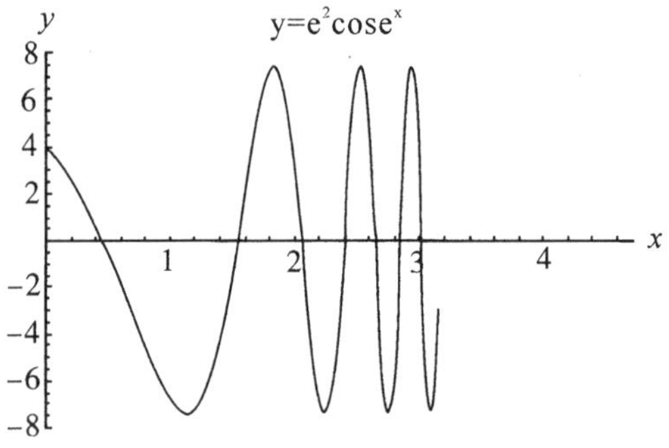

图 5. 10

例 8　给上述例 2 的 3 个函数图形着不同的颜色，并且用不同的粗细程度画出图形。

In[1]:=Plot[{Cos[x], Sin[3x]/2, -3Cos[2x]}, {x, -π, π}, PlotStyle→{{RGBColor[1, 0, 0], Thickness[0.012]}, {RGBColor[0, 1, 0], Thickness[0.010]}, RGBColor[0, 0, 1]}]

运行结果见图 5.11，其中着色是按照函数表达式的顺序定义各函数的着色，RGBColor[ ]中 3 个参数取值为[0, 1]的任意值，可得到不同的颜色。特别地，RGBColor[1, 0, 0]、RGBColor[0, 1, 0]和 RGBColor[0, 0, 1]分别表示红、绿和蓝色。选项 Thickness[t]在二维图形中 t 的缺省值为 0.004。

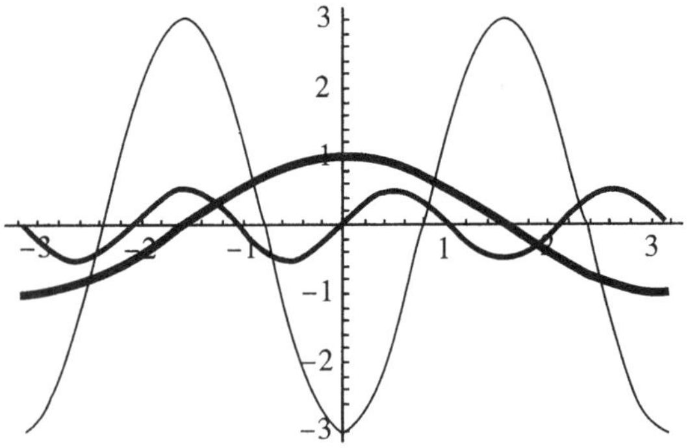

图 5. 11

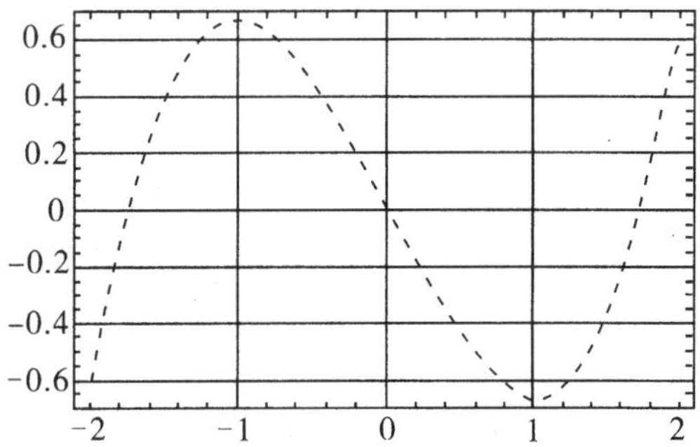

图 5. 12

例 9　给上述例 3 的图形加框、加网格，并用虚线画出图形。

In[1]:=Plot[Evaluate[$\int(x^2-1)dx$], {x, -2, 2}, Frame→True, GridLines→Automatic, PlotStyle→{Dashing[{0.03, 0.03}]}]

运行后如图 5. 12 所示。

5. 2 三维图形

二元函数的显函数、隐函数，以及参数方程、极坐标方程所给的函数图形都是三维图形。

5. 2. 1 基本作图

三维图形的作图函数如表 5. 5 所示。

表 5. 5 三维图形的作图函数

函数格式	函数功能
Plot3D[f [x, y], {x, xmin, xmax}, {y, ymin, ymax}]	在区域上，画出空间曲面 $f(x, y)$
Plot3D[{f [x, y], s}, {x, xmin, xmax}, {y, ymin, ymax}]	同上，其中曲面上的颜色由 s 确定
Plot3D[Evaluate[{f [x, y], s}], {x, xmin, xmax}, {y, ymin, ymax}]	先计算函数 $f(x, y)$ 的值，再作出函数的图形，曲面上的颜色由 s 确定

例 10 作出函数 $f(x,y) = \sin xy\cos y$ 在 $[0, 4]\times[0, 4]$ 的图形。

```
In[1]:=Plot3D[Sin[x y]Cos[y], {x, 0, 4}, {y, 0, 4}, AxesLabel→{"x", "y", "z"}]
```

运行结果如图 5. 13 所示。

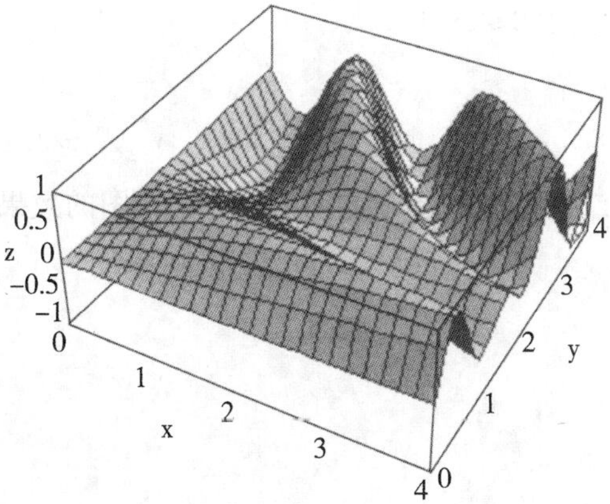

图 5. 13

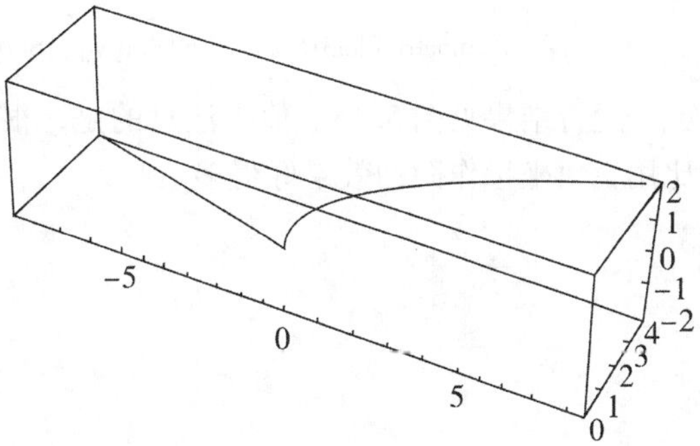

图 5. 14

这个图形的曲面用缺省颜色着色，并标上坐标轴 x、y、z。可见二维图形中的一些可选项在三维图形中也适用。

5.2.2　参数方程作图

参数方程作图函数如表 5.6 所示。

表 5.6　参数方程作图函数

函数格式	函数功能
ParametricPlot3D[{x[t], y[t], z[t]}, {t, tmin, tmax}]	绘制参数方程曲线
ParametricPlot3D[{x(u, v), y(u, v), z(u, v)}, {u, umin, umax}, {v, vmin, vmax}]	绘制参数方程曲面

下面分别给出二元参数方程的空间曲线和曲面图形，这些作图在曲线积分与曲面积分中有助于对积分区域的了解。

例 11　绘制曲线方程 $\begin{cases} x = t^3 \\ y = t^2 \\ z = t \end{cases}$ 的图形。

In[1]: = ParametricPlot3D[{t^3, t^2, t}, {t, -2, 2}]

运行结果如图 5.14 所示。

例 12　作出球面方程 $\begin{cases} x = \cos u \sin v \\ y = \sin u \sin v \\ z = \cos v \end{cases}$ 的图形，其中 $0 \leqslant z \leqslant 1$。

In[1]: = ParametricPlot3D[{Cos[u]Sin[v], Sin[u]Sin[v], Cos[v]}, {u, 0, 2π}, {v, 0, π/2}]

运行结果见图 5.15。值得注意的是，很多二次曲面的作图，用参数方程作图的效果比用直角坐标作图的效果好得多。

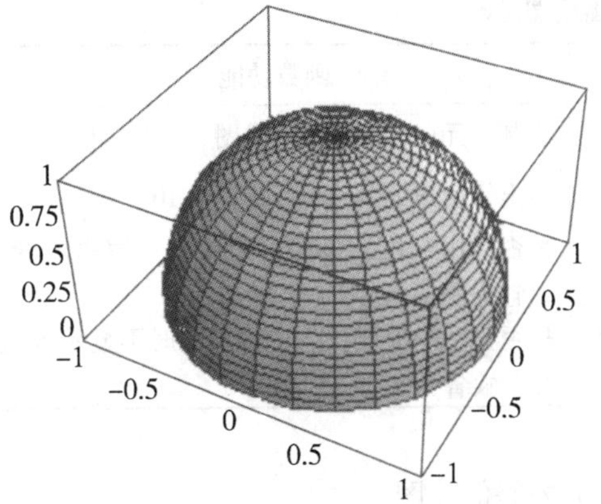

图 5.15

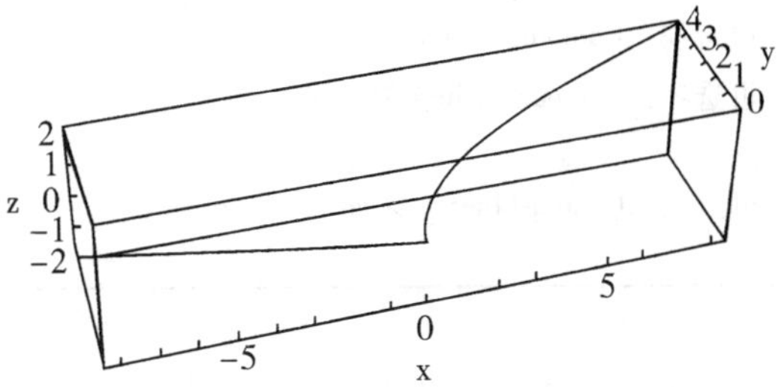

图 5.16

5.2.3 作图选项

二维图形中有些可选项在三维图形中也适用，例如 AxesLabel、DisplayFunction 等选项。此外，三维作图函数中也有很多可选项，例如：

ViewPoint：改变空间观察视角

Boxed：是否画出图形的范围盒

BoxRatios：范围盒的比例

Mesh：是否画网格线

Lighting：光照

例 13 在例 11 中改变空间的视角，并加上坐标轴标记。

```
In[1]: = ParametricPlot3D[{t^3, t^2, t}, {t, -2, 2}, AxesLabel→{"x", "y", "z"}, ViewPoint
->{-0.762, -2.621, 2.000}]
```

运行后结果如图 5.16 所示。

5.3 一些特殊函数图形

5.3.1 等值线图

等值线图也称为等高线图，是二元函数的一组等值线图，即二元函数图形表面上具有相等的高度值 z 的等高线（表 5.7）。

表 5.7　绘制等高线图函数

函数格式	函数功能
ContourPlot[f, {x, xmin, xmax}, {y, ymin, ymax}]	绘制二元函数 f 的等值线图
可选项：Contours - > n	给出等值线的条线 n，缺省为 10
可选项：ContourShading - '> val	是否使用灰度，val 为 False 时不使用灰度，缺省为 True
可选项：ContourLines - > val	是否显示等值线，val 为 False 时不显示等值线，缺省为 True

例 14　画出函数 $f(x,y) = x^4 + y^4 - 4xy^2 - e$ 的等值线图。

In[1]: = ContourPlot[x^4 + y^4 - 4x y^2 - e, {x, -3, 3}, {y, -3, 3}]

运行结果如图 5.17 所示。

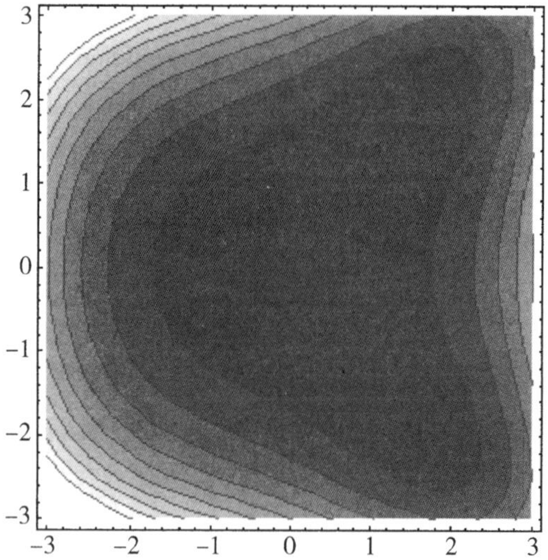

图 5.17

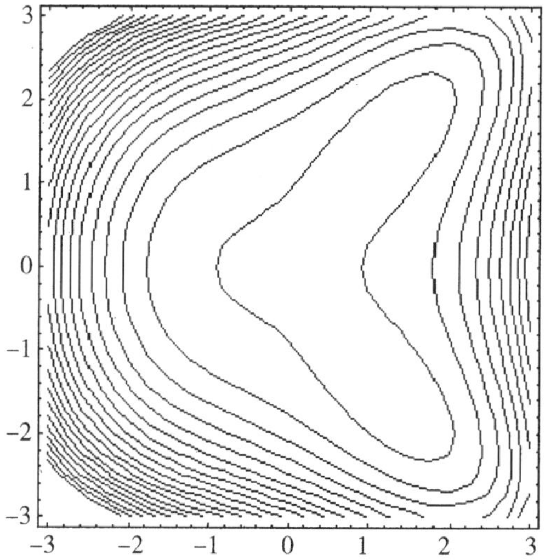

图 5.18

等值图中用灰度表示函数值的大小，越亮的地方函数值越大。ContourPlot[ ]函数中可选用可选项，例如：

In[2]: = ContourPlot[x^4 + y^4 - 4x y^2 - e, {x, -3, 3}, {y, -3, 3}, Contours→20, ContourSmoothing→Automatic, ContourShading→False]

运行结果如图 5.18 所示。其中 Contours 设置等值线数为 20（缺省为 10），ContourSmoothing 对等值线进行平滑处理，ContourShading 表明是否使用明暗度。

如果只关注某些函数值的部分，则可以限制函数值的取值范围，例如：利用$f(x, y)=0$，可以画出隐函数的图形。

5.3.2 隐函数的作图

例 15 画出隐函数 $x^4+y^4-4xy^2=e$ 的图形。

隐函数作图有两种方法：

（1）利用绘制等值线图的函数 ContourPlot[ ]。

```
In[1]: = ContourPlot[x^4 + y^4 - 4x y^2 - e, {x, -3, 3}, {y, -3, 3}, PlotRange→{0, 0}, ContourShading→False, Contours→1, PlotPoints→100]
```

ContourPlot[ ]中可选项 PlotRange 指定了函数值为 0，并且等值线数为 1，即得所求，如图 5.19 所示。

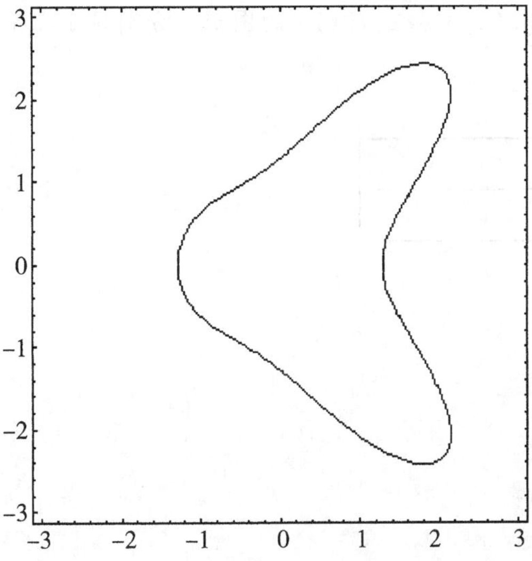

图 5.19

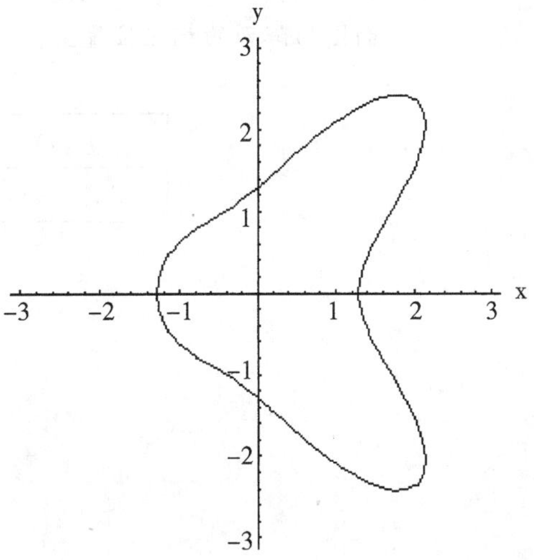

图 5.20

（2）先调入外部绘图程序包，再利用隐函数作图函数 ImplicitPlot[ ]。

```
In[1]: = << Graphics`ImplicitPlot`
In[2]: = ImplicitPlot[x^4 + y^4 - 4x y^2 - e = = 0, {x, -3, 3}, {y, -3, 3}, AxesOrigin→{0, 0}, AxesLabel→{"x", "y"}]
```

运行结果如图 5.20 所示，这里把坐标相交点设为(0，0)，并加上坐标轴标记。

习题五

1. 在同一坐标系中，画出函数 $y=\frac{1}{x}$，$y=x^2$ 与 $y=x^3$，$-4\leqslant x\leqslant 4$ 的图像，并且加上边框和网格线。
2. 绘制参数方程 $\begin{cases}x=6\sin 3t\\ y=6\cos 5t\end{cases}$ 在 $-\pi\leqslant x\leqslant\pi$ 的曲线。
3. 绘制由 $z=(x^2+3y^2)e^{-(x^2+y^2)}$ 定义的三维空间中的曲面。
4. 绘制隐函数 $x^3+y^2=3xy$ 在 $-3\leqslant x\leqslant 3$ 上的图形。
5. 实现如下操作：

(1) 定义下列函数：$f(x)=e^x$ 和 $g(x)=\begin{cases}x+1, & |x|<1\\ 0, & |x|=1\\ x-1, & |x|>1\end{cases}$；

(2) 作函数 $f(x)$、$g(x)$ 以及复合函数 $f[g(x)]$ 和 $g[f(x)]$ 的图形，分别显示在下面图形阵列的相应位置上：

$f(x)$	$g(x)$
$f(g(x))$	$g(f(x))$

第 6 章　Mathematica 编程

6.1　程序设计

Mathematica 的编程方面与其他计算机程序设计一样，有分支控制、循环控制和转移控制等结构，但 Mathematica 程序是由这些控制语句构成的文本文件，只能在 Mathematica 系统中被解释执行，不能被编译后独立运行。本节将介绍 Mathematica 的控制函数及其在编程中的应用。

6.1.1　分支结构

分支结构是一些条件结构的函数，主要有 If、Which 和 Switch 语句（表 6.1）。

表 6.1　分支结构语句

语　句	功　能
If[cond, t]	当条件 cond 成立时执行 *t*，否则不返回结果
If[cond, t, f]	当条件 cond 成立时执行 *t*，否则执行 *f*
If[cond, t, f, u]	当条件 cond 成立时执行 *t*，否则执行 *f*，当无法判定条件是否成立时执行 *u*
lhs: = rhs/; test	当 test 为 True 时执行赋值语句
Which[test1, value1, test2, value2, …]	当条件 test1 成立时执行 value1，否则当条件 test2 成立时执行 value2，如此类推
Switch[expr, form1, value1, form2, value2, …]	先求 expr 的值，然后将其值与每个 form*i* 比较，返回与第一个匹配的 form*i* 所对应的值 value*i*

控制函数的条件中一般包含关系或逻辑运算符，下面是 Mathematica 中常用的关系和逻辑运算符。关系运算符：>（大于）、> =（大于等于）、= =（相等）、! =（不等于）

关系运算由关系运算符连结，关系式成立，结果为 True，否则为 False。例如：

```
In[1]:=2+3>9
Out[1]=False
In[2]:=Solve[x^2+3x==2, x]
```

$$Out[2]=\left\{\left\{x\to\frac{1}{2}(-3-\sqrt{17})\right\},\ \left\{x\to\frac{1}{2}(-3+\sqrt{17})\right\}\right\}$$

逻辑运算主要有：&&（与、并）、‖（或）、!（非、否）、Xor（异或）。例如：

```
In[3]:=3<5 && !(2>5)
Out[3]=True
```

例 1 If 函数与条件定义。

```
In[4]:={If[1<2,2+3],If[1>2,2+3]}
Out[4]={5,Null}
```

这里利用嵌套 If 语句定义一个分段函数，用/;cond 也可以定义一个函数：

```
In[5]:=p[x_]:=x^2/; x>=0;
In[6]:=p[x_]:=-x^2/; x<0
```

一般情况下，函数 If 提供一个两者选一的方法，如果条件多于两个，除了可以使用 If 函数的嵌套方式外，使用 Which 或 Switch 函数会更合适。

例 2 用函数 Which 定义一个有 3 个条件的函数。

```
In[7]:=q[x_]:=Which[x<0, x^2, x>5, x^3, True, 0];
In[8]:={q[-5], q[6], q[2]}
Out[8]={25, 216, 0}
```

例 3 用函数 Switch 定义一个与模有关的函数。

```
In[9]:=r[x_]:=Switch[Mod[x, 3], 0, a, 1, b, 2, c]
In[10]:={r[10], r[11], r[12]}
Out[10]={b, c, a}
```

6.1.2 循环结构

循环结构主要有 Do、While 和 For 语句（表 6.2）。

表 6.2 循环结构语句

语 句	功 能
Do[expr, {n}]	循环 n 次计算表达式 expr
Do[expr, {i, imax}]	循环计算表达式 expr，i 从 1 开始，直到 i > imax，步长为 1
Do[expr, {i, imin, imax, di}]	循环计算表达式 expr，i 从 imin 开始，直到 i > imax，步长为 di
Do[expr, {i, imin, imax}, {j, jmin, jmax}, …]	多重循环计算表达式 expr
While[test, body]	当 test 为 True 时，计算 body
For[start, test, incr, body]	以 start 为起始值，重复计算 body，incr 为增量，直到 test 为 False 时退出循环

例 4 计算$\sqrt{n}$，$n=10$，20，30，40，50。

```
In[1]:=Do[Print[N[Sqrt[n]]], {n, 10, 50, 10}]
        3.16228
        4.47214
        5.47723
        6.32456
        7.07107
```

其中 Print[ ]为输出语句，N[ ]使输出为近似值。

例 5 计算 $\sum\limits_{i,j}\dfrac{i}{j}$,其中 i，j 为不超过 10 的正整数。

```
In[1]:=fs=0;
In[2]:=Do[fs=fs+i/j, {i, 1, 10}, {j, 1, 10}]
In[3]:=fs
```

$$Out[3]=\frac{81191}{504}$$

在 Mathematica 程序中，Do 是以结构方式进行循环的，但有时可能需要生成非结构循环，此时，运用函数 While 和 For 比较合适。

例 6 计算前 100 个素数的和。

```
In[1]:=i=0; s=0;
In[2]:=While[i=i+1; i<100, If[PrimeQ[i], s=s+i]]
In[3]:=Print["s=",s]
        s=1060
```

In[2]中 i=i+1；i<100 是一个复合表达式，PrimeQ[i]判断 i 是否为素数，返回 True 或 False。

例 7　已知 $y=e^x\sin x$，用循环语句求 $y'(0)$、$y''(0)$、…、$y^{(10)}(0)$。

```
In[1]:=df={ }
In[2]:=f[x_]:=e^x Sin[x]
In[3]:=For[i=1, i≤10, i++, df=Append[df, D[f[x], {x, i}]/.x→0]]
In[4]:=df
Out[4]={1, 2, 2, 0, -4, -8, -8, 0, 16, 32}
```

In[1]先置 df 为空表，In[3]中 df=Append[df, …]语句将每次循环求得的导数添加到表 df 中，In[4]显示表的内容，即为所求各阶导数在 0 点的值。

此外，还有程序流控制的语句，如 Continue[ ]、Break[ ]，和调试程序的语句，如程序执行的跟踪语句 On[ ]和调试语句 Trace[ ]等等，在此不一一赘述。

6.2　自定义函数

在第 2 章关于函数中提到，Mathematica 的函数有系统函数和用户自定义函数。虽然系统提供了大量的函数，但对于用户独特的需要仍然是不能完全满足的。上述例 7 中，由于要多次求 $e^x\sin x$ 的导数，因此 In[2]将其定义为一个函数 f[x_]:=$e^x\sin x$，其中 f 为函数名，“x_ ”表示 x 为自变量，输入定义后按 Shift+Enter 键执行，不会有结果输出，因为这仅仅是定义一个函数，In[3]中 f[x]是调用该函数。自定义的函数可以作各种运算。下面介绍几种定义函数的实例。

1. 一般函数的定义及运算

例 8　定义一个二元函数，并求全导数。

```
In[1]:=g[x_, y_]:=x^2+3x y-y^2
In[2]:=Dt[g[x, y]]
Out[2]=2x Dt[x]+3y Dt[x]+3x Dt[y]-2y Dt[y]
```

例 9　定义一个画一类图形的函数。

```
In[1]:=g2[m_, n_]:=ParametricPlot[{Sin[m t]+Cos[t], Sin[n t]-Sin[t]}, {t, 0, 2π}]
```

这是绘制参数方程 $\begin{cases}x=\sin mt+\cos t\\y=\sin nt-\sin t\end{cases}$ 的图形函数，给出不同的 m、n 值，得到不同的图形：

```
In[2]:=g2[2, 2]
In[3]:=g2[2, 3]
```

执行后结果分别如图 6.1 和图 6.2 所示。

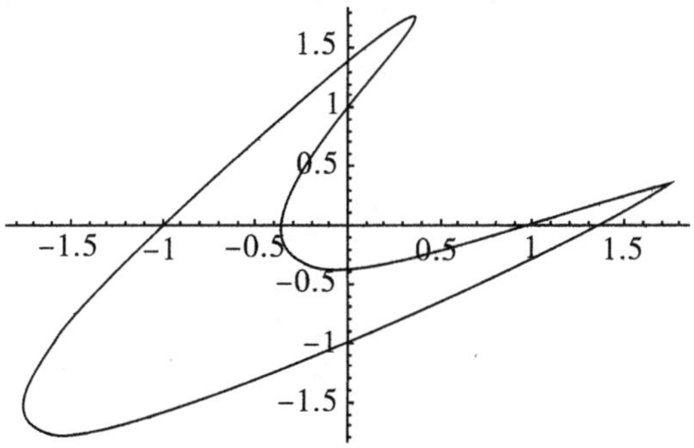

图 6.1

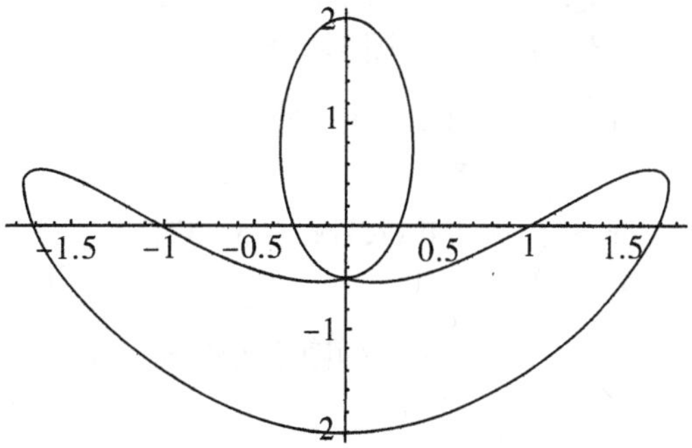

图 6.2

2. 分段函数的定义

例 10 设 $f(x)=\begin{cases}2\sqrt{x}, & 0\leqslant x\leqslant 1\\ 1+x, & x>1\\ x^2, & x<0\end{cases}$。

在 Mathematica 中定义一个分段函数有下列几种方法：

（1）利用 If 语句，即：

```
In[1]:=f[x_]:=If[0≤x≤1, 2√x, If[x>1, 1+x, x^2]]
In[2]:=f[0.5]
Out[2]=1.41421
```

（2）利用 Which 语句，即：

```
In[1]:=f[x_]:=Which[0≤x≤1, 2√x, x>1, 1+x, x<0, x^2]
```

可见当条件多于两个时，使用 Which 函数比 If 函数更合适。

（3）使用“/;”，即：

```
In[1]:=f[x_]:=2√x/; 0≤x≤1
In[2]:=f[x_]:=1+x/; x>1
In[3]:=f[x_]:=x^2/; x<0
```

（4）直接使用定义分段函数的 Piecewise 函数，Piecewise 函数是 Mathematica 5.1 版本才有的函数，其格式为：Piecewise[{{val1, cond1}, {val2, cond2}, …}]，其中 cond*i* 为条件，val*i* 为满足 cond*i* 时所取的值。本例中定义为：

In[1]: =f[x_]: =Piecewise[{{$2\sqrt{x}$, 0≤x≤1}, {1+x, x>1}, {x^2, x<0}}]

对于已定义的分段函数，可以作进一步的运算，如下面 In[2]中求f(1/2)、f(−2)，In[3]作出f(x)的图形。

In[2]: ={f[1/2], f[−2]}

Out[2] ={$\sqrt{2}$, 4}

In[3]: =Plot[f[x], {x, −5, 5}]

执行 In[3]得到的图形如图 6.3 所示。

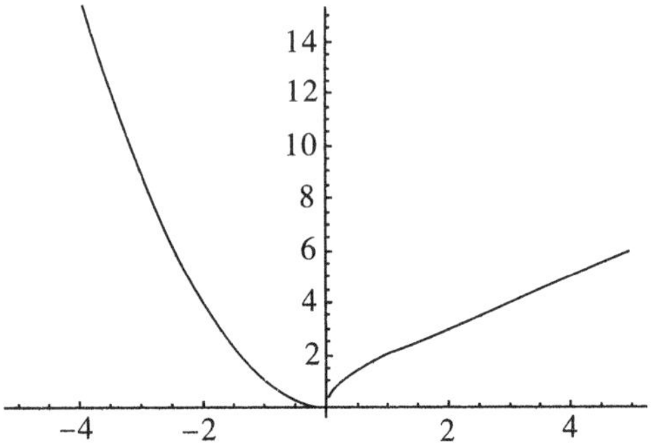

图 6.3

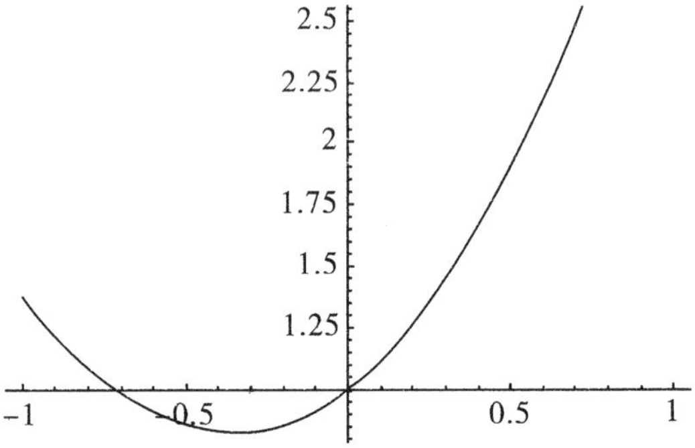

图 6.4

利用 Piecewise 函数定义的分段函数，还可以直接进行各种运算或者作图。

3. 有条件的函数定义

例 11　定义函数f (x, n, y) $=\frac{x^n}{y-1}$，其中 x 为整数，n 为自然数，$y\neq1$。

In[1]: =f[x_, n_, y_]: =x^n /(y−1)/; IntegerQ[x]&& IntegerQ[n]&& n>0 && y≠1

其中 IntegerQ[x]判断 x 是否为整数，IntegerQ[n]&& n>0 判断 n 是否为自然数。

In[2]: =f [5, 3, 2.5]

Out[2] =83.3333

In[3]: =f[5.8, 3, 2.5]

Out[3] =f[5.8, 3, 2.5]

可见 3 个条件中只要有一个不满足就得不到函数值。该函数还可以用下面的方式定义：

In[4]: =f[x_Integer, n_Integer? Positive, y_/; y≠1]: =x^n /(y−1)

4. 纯函数

Mathematica 提供了一种描述纯粹函数的方法，用这种方法定义的是没有名字的函数，称为纯函数。

例 12

```
In[1]: = h[x_, y_, z_]: = x^2 + y^2 + z^2
In[2]: = h[2, 5, 7]
Out[2] = 78
```

把这个函数改为一个纯函数：

```
In[3]: = #1^2 + #2^2 + #3^2&[2, 5, 7]
Out[3] = 78
```

下面是以纯函数方式作函数 $t^2 + e^t$ 的图形：

```
In[4]: = Plot[#^2 + Exp[#]&[t], {t, -1, 1}]
```

执行后图形如 6.4 所示。如果某个函数只使用一次，则函数名和变量名都不重要，这时使用纯函数形式比较合适。

6.3 模块、全局变量与局部变量

前面我们在运算中使用的变量，在系统中都假定为全局变量，但在实际编程时，所有变量都是全局变量会给用户造成很大困扰，用户也希望在不同的程序中用同一变量名 x 指代不同的变量，这样就需要把每个程序中的 x 定义为局部变量。

在 Mathematica 中用函数 Module、Block 可以定义程序体中的局部变量，这两个函数既相似又有区别，Module 比 Block 更实用，故这里只介绍 Module 的用法（表 6.3）。

表 6.3 Module 函数

函数格式	功　能
Module[{x, y, …}, expr]	定义局部变量 x，y，…，返回 expr 列表中最后一个表达式的值
Module[{x = x0, y = y0, …}, expr]	定义具有初始值的局部变量，返回 expr 列表中最后一个表达式的值

例 13

```
In[1]:=u=12; v=23;
In[2]:=Module[{u, v}, u=10; v=u/2; u+v]
Out[2]=15
In[3]:=u+v
Out[3]=35
```

说明：① Module[ ]中表达式一般是表达式列表，之间以分号分隔，整个 Module 结构返回表达式列中最后一个表达式的值。② 局部变量不改变同名全局变量的值，比如 In[2]中 u、v 是局部变量，但在 In[3]中是全局变量。

下面的例子进一步说明 Module 的用法。

例 14　定义一个函数，其自变量为一个数组，求出这个数组的最大值、最小值、平均值和方差。

```
In[1]:=f[x_List]:=Module[{M, m, E, D, t}, M=Max[x]; m=Min[x]; E=Apply[Plus,x]/
        Length[x]; t=(x-E)^2; D=Sqrt[Apply[Plus, t]]/Length[x]; {M, m, E, D}];
In[2]:=f[{1, 2, 3, 4, 5, 6, 7, 8}]//N
Out[2]={8., 1., 4.5, 0.810093}
```

例 15　求拉格朗日中值定理中的 c，使 $f'(c)=[f(b)-f(a)]/(b-a)$。

```
In[1]:=Lagrange[f_, a_, b_]:=Module[{v, u, t, c, s, q, w={ }}, v=Variables[f][[1]](*
求f的自变量*); u=D[f, v]; t=((f/. v→b)-(f/. v→a))/(b-a); s=Solve[u==t ,v]; For[i=
1, i≤Length[s], i++, If[N[(v/. s[[i]])]>a&&N[(v/. s[[i]])]<b, w=Append[w, v/. s[[i]]]
(*如果求出的点落在(a, b)内，则把它加入w*)]; ]; w];
In[2]:=Lagrange[x^2+3x+2, 1, 8]//N
Out[2]={4.5}
In[3]:=Lagrange[t+ArcTan[t], 0, 1]//N
Out[3]={0.522723}
```

6.4　程序包

Mathematica 为了充分扩展系统的功能，提供了各种功能的程序包，系统将程序包分为若干类：代数、微积分、离散数学、几何、图形、线性代数、数论、数值计算、统计等。本章先介绍程序包的调用，然后介绍程序包的结构，以便我们了解和调用所需要的程序包，进一步根据需要，编写自己的程序包。

6.4.1 程序包的调用

程序包是用 Mathematica 编程语言设计和编写的文件，扩展名为 . m。程序包中所含有的函数，只有在将程序包调入到 Mathematica 系统中才能使用。调用程序包的一般形式是：

<< 程序包名称`函数名`

例如，调用离散数学程序包中的 KSubesets 函数，该函数功能是列出给定集合的所有大小为 k 的子集：

```
In[1]: = << DiscreteMath`Combinatorica`
In[2]: =KSubesets[{a, b, c, d}, 3]
Out[2] ={{a, b, c}, {a, b, d}, {a, c, d}, {b, c, d}}
```

注意：这里函数名的引号是标准键盘左上方的反撇号。

要了解某个程序包所包含的函数，可以使用系统的帮助文件，操作顺序为：Help 菜单→Addons 项→Help Browser 窗口→Standard Packages，这是系统提供的程序包库，点击打开它，就可以看到各类程序包；再打开某个程序包，可看到它所包含的各种函数。点击函数名，可在窗口下方看到该函数的说明和用法。有的函数名本身又是一个程序包，其中包含许多具体的函数，如上述 DiscreteMath`Combinatorica 程序包中包含了与组合数学和图论有关的几百个函数。

在 Mathematica 系统中，用户自己编写的程序包要以 . m 为其扩展名，并放在子目录“C：\ Mathematica \ 5. 1 \ AddOns \ StandardPackage \ ”下。

6.4.2 程序包的结构

下面以程序包 Collatz. m 为例，说明程序包的结构：

BeginPackage["Collatz`"]程序包头部，设置当前目录 Package`，并将 System 置于上下文目录的搜索路径中

Collatz::"usage" = "Collatz[n] gives a list of the iterates in the 3n + 1 problem, starting from n. The conjecture is that this sequence always terminates. "；程序包定义在包外关于可以使用的函数、变量等名字及使用说明

```
Begin["`Private`"]程序包体，并设置当前上下文目录为 Package`Private`
Collatz[1]: = {1};        程序包中定义的主体
Collatz[n_Integer]: =Prepend[Collatz[3n +1], n]/; OddQ[n]&& n >0;
Collatz[n_Integer]: =Prepend[Collatz[n/2], n]/; EvenQ[n]&& n >0;
End[ ]      恢复先前的设置，此处为 Package`
EndPackage[ ]     结束程序包，将 Package`预挂到上下文目录的搜索中。
```

系统提供的程序包一般都具有这样的结构，有关文件存储在一个名为 Packages 的子目录下，用户自己实现的程序包可以具有和它们同样的性质。注意，在编写程序包的时候，只有在程序包头部出现的名字，才是程序包外部直接可用的，例如上述程序包头部中的“Collatz”。

上述程序包的调用：

```
In[1]:= <<Collatz`
In[2]:=Collatz[1]
Out[2]={1}
In[3]:=Collatz[2]
Out[3]={2, 1}
In[4]:=Collatz[3]
Out[4]={3, 10, 5, 16, 8, 4, 2, 1}
In[5]:=Collatz[2.5]
Out[5]=Collatz[2.5]
In[6]:=Collatz[10]
Out[6]={10, 5, 16, 8, 4, 2, 1}
```

程序包能够把一些相关的函数与数据组合成一个整体，体现了一种信息包装机制，同时，程序包又可以把包里的函数与变量等元素与外界隔离开，并且定义一个清晰的界面，这是一种信息隔离和保护机制，这些机制是为了更好地支持程序设计工作而提供的。程序包是 Mathmatica 系统的典型特征，系统功能的扩展主要通过程序包来实现。

习题六

1. 计算从 10 到 50 之间的奇数平方和的平方根。
2. 定义分段函数 $f(x)=\begin{cases}e^x+1, x\geqslant 0\\ 2+x^2, x<0\end{cases}$，并求：(1) $f'(x)$；(2) $\int_{-3}^{3}f(x)\mathrm{d}x$；

   (3) 画出 $f(x)$ 的图形。
3. 如果有如下定义的函数：h[x_]:=Switch[Mod[x, 3], 0, a, 1, b, 2, c]，则执行 h[-1]、h[-23]的结果如何？
4. 编写一个函数，用于显示不超过 n 的全部素数（n 为正整数）。
5. 根据下列的输入，写出相应的输出结果。

```
In[1]:=t=4;
In[2]:=Module[{t}, t=6; e^t]
Out[2]=________________________
In[3]:=Expand[(1+t)^2]
```

Out[3] = ________________________

In[4]: = Module[{t}, Lenght[Expand[(1 + t)^2]]]

Out[4] = ________________________

第三部分

MATLAB 篇

第 7 章　MATLAB 语言概述

7.1　MATLAB 简介

7.1.1　MATLAB 的主要组成部分

MATLAB 系统由五个主要部分组成，分别为：

（1）MATLAB 语言体系。MATLAB 是高层次的矩阵/数组语言，具有条件控制、函数调用、数据结构、输入输出、面向对象等程序语言特性。利用它既可以进行小规模编程，完成算法设计和算法实验的基本任务，又可以进行大规模编程，开发复杂的应用程序。

（2）MATLAB 工作环境。工作环境是 MATLAB 提供给用户使用的管理功能的总称，包括管理工作空间中的变量、数据输入输出的方式和方法，以及开发、调试、管理 M 文件的各种工具。

（3）图像句柄系统。这是 MATLAB 图像系统的基础，包括完成 2D 和 3D 数据图示、图像处理、动画生成、图形显示等功能的高层 MATLABA 命令，也包括用户对图形图像等对象进行特性控制的底层 MATLAB 命令，以及开发 GUI 应用程序的各种工具。

（4）MATLAB 数学函数库。这是 MATLAB 使用的各种数学算法的总称，包括各种初等函数的算法，也包括矩阵运算、矩阵分析等高层次数学算法。

（5）MATLAB 应用程序接口（API）。这是 MATLAB 为用户提供的一个函数库，使得用户能够在 MATLAB 环境中使用 C 程序或 FORTRAN 程序，包括从 MATLAB 中调用子程序（动态链接），读写 MAT 文件的功能。

综上所述，MATLAB 是一个功能十分强大的系统，是集数值计算、图形管理、程序开发为一体的环境。除此之外，MATLAB 还具有很强的功能扩展能力，与它的主系统一起，可以配备各种各样的工具箱，以完成一些特定的任务。

MATLAB 由基本部分和功能各异的工具箱（Toolbox）组成。基本部分是 MATLAB 的核心，工具箱是扩展部分。

7.2　MATLAB 的工作环境

7.2.1　MATLAB 的操作界面

打开 MATLAB，默认打开的 MATLAB 主窗口中包括 5 个子窗口：命令窗口（Command Window）、命令历史记录窗口（Command History）、工作空间管理窗口（Workspace Browser）、当前路径窗口（Current Directory）、交互界面分类目录窗口（Launch Pad）。MATLAB 最常用的交互界面如下：

1. 主窗口

主窗口除了兼容 5 个子窗口外，还包括 6 个菜单“File”、“Edit”、“View”、“Web”、“Window”、“Help”和 1 个工具栏。

2. 命令窗口（Command Window）

在默认设置下，该窗口处在 MATLAB 主窗口的右侧，如图 7.1 所示。命令窗口是进行各种 MATLAB 操作的最主要窗口。在命令窗口内，可键入各种 MATLAB 的命令、函数和表达式，并显示除图形外的所有运算结果。

“> >”为运算提示符，表示 MATLAB 正处于准备状态。当用户在提示符后输入表达式并按 Enter 键后，MATLAB 将给出计算结果，然后再次恢复到准备状态。

命令窗口内显示的字符和数值采用不同的颜色，在默认情况下，输入的命令、表达式以及计算结果等采用黑色字体，字符串采用褐红色，“if”、“for”等关键字采用蓝色。

3. 命令历史记录窗口（Command History）

在默认设置下，命令历史记录窗口位于 MATLAB 界面的左下方，如图 7.2 所示。命令历史记录窗口会自动保留自安装起所有用过的命令的历史记录。

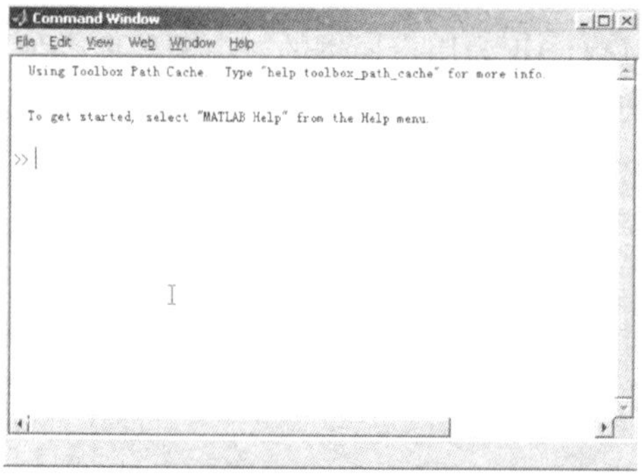

图 7.1　命令窗口

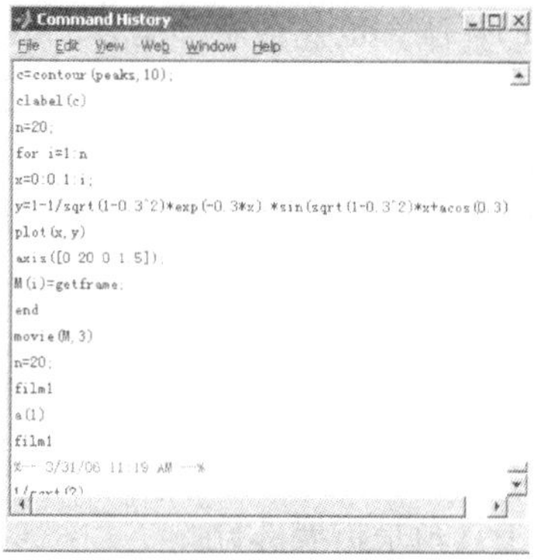

图 7.2　命令历史记录窗口

4. 工作空间管理窗口（Workspace Browser）

工作空间管理窗口默认地位于 MATLAB 界面的左上方，如图 7.3 所示。该窗口列出 MATLAB 工作空间中所有的变量及其相关的数据结构、类型、大小和字节数等。

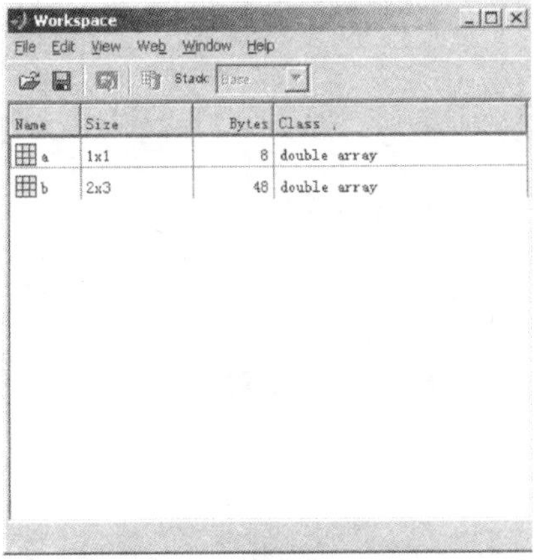

图 7.3 工作空间管理窗口

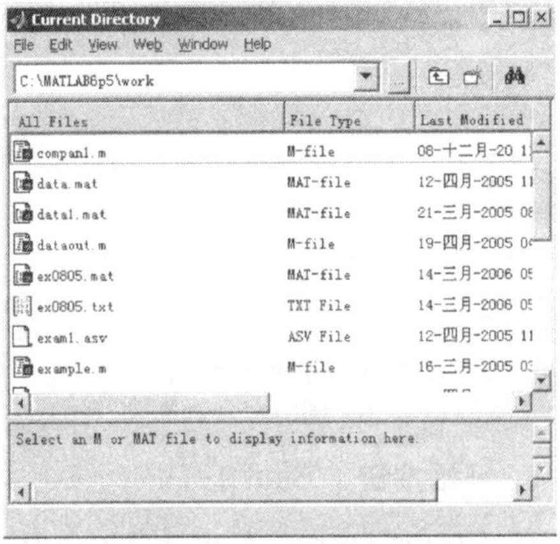

图 7.4 当前路径窗口

5. 当前路径窗口（Current Directory）

当前路径窗口默认地位于 MATLAB 界面的左下方，如图 7.4 所示。在当前路径窗口中，可以显示或改变当前路径。通过路径选择下拉菜单可以选择已经访问过的路径，单击右侧的按钮，可以打开路径选择对话框，用户可以设置或添加路径。

MATLAB 启动后，默认的路径是“MATLAB6p5 \ work”，如果不特别指明存放数据和文件的路径，那么 MATLAB 总是默认地将它们存放在当前路径上。

6. 交互界面分类目录窗口（Launch Pad）

交互界面分类目录窗口默认地出现在 MATLAB 界面的左上方，如图 7.5 所示。该窗口以可展开的树状结构列出 MATLAB 提供的所有交互界面，包括帮助界面、演示界面、各种应用交互界面。

7. 数组编辑器窗口（Araay Editor）

数组编辑器窗口可以修改打开的数组，甚至可以更改数据结构和显示方式，如图 7.6 所示。

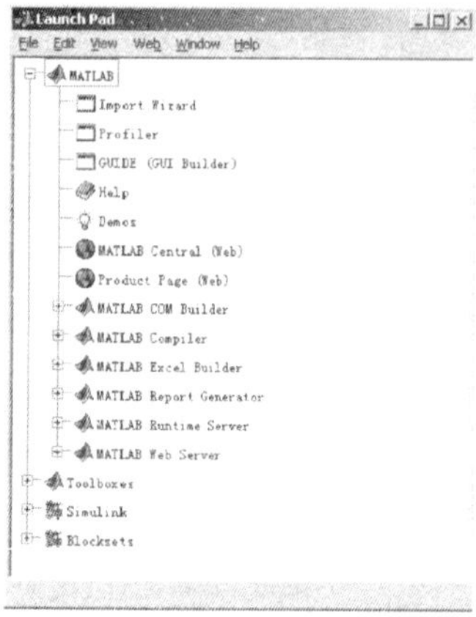

图 7.5　交互界面分类目录窗口

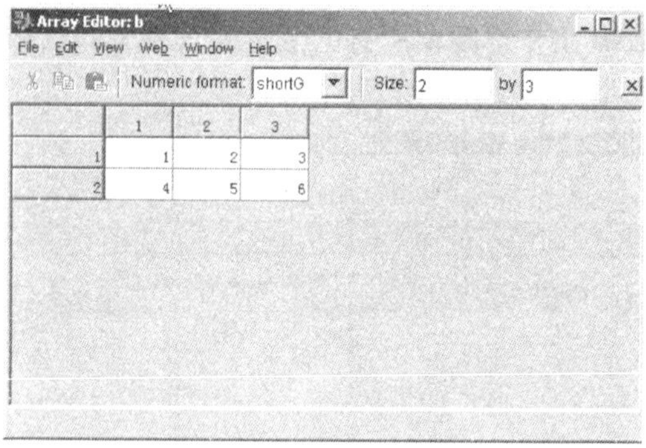

图 7.6　数组编辑器窗口

8. 开始按钮（Start）

启动 MATLAB 后．在操作界面的左下角可以看到一个图标 Start。这是在 6.5 版本中新增加的开始按钮。点击该按钮之后会出现如图 7.7 中所示的菜单。该菜单的上半部分菜单各项的功能与交互界面分类目录窗口（Launch Pad）相似；下半部分菜单各项功能主要有界面窗口设置、访问 MATLAB 公司的网站、查看帮助文件、运行演示程序等。

图 7.7　开始菜单

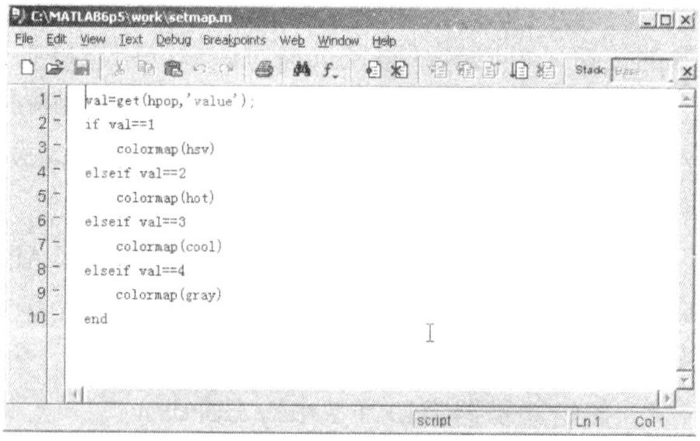

图 7.8　M 文件编辑/调试器窗口

9. M 文件编辑/调试器窗口（Editor/Debugger）

在默认情况下，M 文件编辑/调试器窗口不随操作界面的出现而启动，只有需要编写 M 文件时，才启动该窗口，如图 7.8 所示。M 文件编辑/调试器窗口不仅可以编辑 M 文件，还可以对 M 文件进行调试，不仅可以处理扩展名为 . m 的文件，还可以阅读和编辑其他 ASCII 码文件。

10. 帮助导航/浏览器窗口（Help Navigator/Browser）

帮助导航/浏览器窗口详尽展示由超文本写成的在线帮助，如图 7.9 所示。

11. 程序性能剖析窗口（Profiler）

程序性能剖析窗口用来对 MATLAB 的 M 文件中各命令的耗时进行分析，在该窗口可以查看命令的运行时间，以便提高运行速度，如图 7.10 所示。用户可以通过在命令窗口直接输入命令来获得相关的帮助信息。主要的帮助命令有：help 命令、lookfor 命令。如果不知道确切的函数名称，则 help 命令无法起作用，而 lookfor 命令可以很方便地解决这个问题。

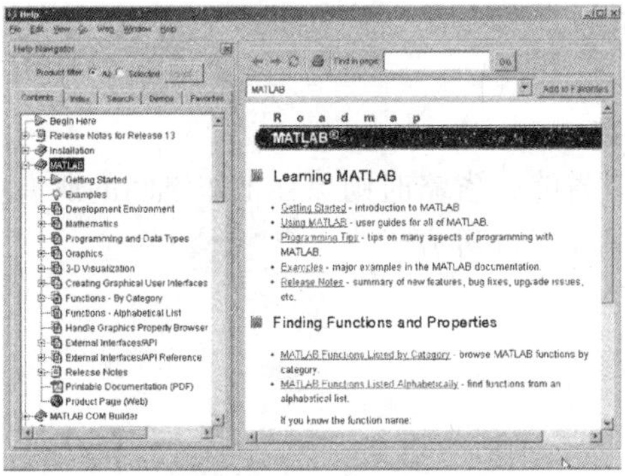

图 7.9　帮助导航/浏览器窗口

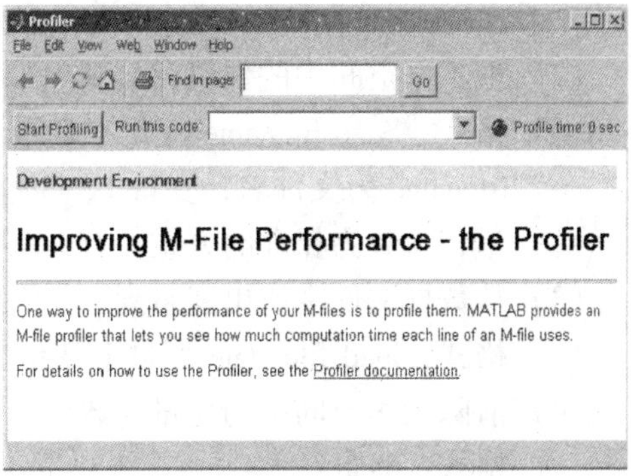

图 7.10　程序性能剖析窗口

7.2.2　MATLAB 的命令

MATLAB 在提供良好的用户界面的同时，用户还可以在命令窗口中直接使用命令来达到各种功能，现简要介绍一些常用的命令。

1. MATLAB 的文件管理命令

（1）列出当前目录下的 M，MAT，MEX 文件清单。

格式：what

（2）列出指定目录下的文件和子目录清单。

格式：dir　　　　% 列出当前目录下的文件和子目录清单

dir 目录名　　　　% 列出指定目录下的文件和子目录清单

（3）显示指定 M 文件的内容。

格式：type 文件名　　　% 显示指定 M 文件的内容

（4）指出 M、MEX 文件、工作空间变量、内置函数或 Simulink 模型所在的目录。

格式：which 文件名　　　% 指出文件所在的目录

（5）返回安装 MATLAB 的根目录

格式：matlabroot

（6）把当前命令窗口中的所有内容（包括命令、计算结果等）保存到日志文件中。

格式：diary　　　% 创建一个由用户键盘输入并由系统应答的日志文件

diary（file'）　　　% 使用指定文件名创建日志文件

diary off　　　% 暂停执行 diary 命令

2. MATLAB 的系统管理命令

（1）查询变量信息。

格式：who　　　%只简单的列出工作空间中变量名字

whos　　　%列出工作空间中变量的详细信息，包括维数、字节数、变量类型等

（2）把工作空间中的数据存放到 MAT 文件中。

格式：Save filename 变量 1 变量 2…参数

filename 为文件名；变量 1、变量 2 可以省略，省略时则保存工作空间的所有变量；参数为保存的方式，有 -ASCII、-append 等方式

（3）从数据文件中取出变量到工作空间。

格式：load filename 变量 1 变量 2…

（4）清除工作空间中的变量与数据。

格式：clear

>>clear　　　%清除所有的变量

>>clear X Y Z　　　%清除名为 X，Y 和 Z 的变量

（5）查询工作空间中是否存在某个变量。

格式：i = exist（'X'）　　　%查询工作空间中是否有X变量

（6）清除命令窗口中显示内容。

格式：clc

（7）清除图形窗口中的内容。

格式：clf

（8）退出 MATLAB 系统。

格式：quit

exit

7.3　MATLAB 的搜索路径

7.3.1　MATLAB 的路径搜索过程

MATLAB 的所有文件都被存放在一组结构严密的目录上。MATLAB 在工作时，就是按照搜索路径从各目录上寻找所需调用的文件、函数和变量。

当用户在命令窗口输入一个名字如“X”时，则 MATLAB 按照以下步骤进行搜索：

（1）在 MATLAB 内存中进行检查，检查 X 是否为工作空间的变量或特殊变量。

（2）检查 X 是否为 MATLAB 的内部函数（Built-in Function）。

（3）在当前目录上，检查是否有名为“X. m”或“X. mex”的文件存在。

（4）在 MATLAB 搜索路径的其他目录中，检查是否有名为“X. m”或“X. mex”的文件存在。

（5）如果都不是，则 MATLAB 发出错误信息。

7.3.2　设置 MATLAB 的搜索路径

当用户的某些目录不在搜索路径上，而用户需要用这些目录与 MATLAB 交换信息，或者需要用某个目录来存放运行产生的文件和数据，必须修改搜索路径。

选择 MATLAB 主窗口中 File 菜单中 set path 项，进入设置搜索路径的对话框。可以在此对话框中将某一目录加入到搜索路径中。在命令窗口中也能通过相应的命令 path、pathtool、editpah 来设置搜索路径。

习题七

1. 熟悉 MATLAB 环境。
2. 启动 MATLAB 环境，并给出语句

   tic，A = rand（500）；B = inv（A）；norm（A * B-eye（500）），toc，

   试运行该语句，观察得出的结果，并利用 help 命令对不熟悉的语句进行帮助信息查询，逐条给出上述程序段与结果的解释。
3. 在命令窗口运用 who，whos 查阅 MATALB 内存变量。
4. 创建自己的工作目录，并将其加入到 MATLAB 的搜索路径。

第8章　MATLAB 基本操作知识

8.1　基础知识

8.1.1　MATLAB 的数据类型

MATLAB 的主要数据类型有数值型、字符串型、细胞型、结构型等。

1. MATLAB 的数值

MATLAB 的数值采用习惯的十进制表示，可以带小数点或负号，也可以用科学计数法。以下的数都是合法的：

3，-999，0.004，1.2346e+005

2. 矩阵和数组

MATLAB 最基本、最重要的功能就是进行实数或复数矩阵的运算，其所有的数值功能都以矩阵为基本单元来实现。另外，还经常要使用到标量、向量和数组，这几个名称的定义如下。

(1) 标量：是 1×1 的矩阵，即只含一个数的矩阵。

(2) 向量：是 $1\times n$ 或 $n\times1$ 的矩阵，即只有一行或一列的矩阵。

(3) 矩阵：是一个矩形的数组，即二维数组，其中向量和标量都是矩阵的特例。

(4) 数组：是 n 维的数组，为矩阵的延伸，其中矩阵和向量都是数组的特例。

3. 复数

MATLAB 中用固定变量 i 和 j 作为虚数单位。可用 real，imag，abs，angle 函数分别求一个复数的实部、虚部、幅值和相角。

例1

```
>> x1 = 1 - 2i
x1 =
  1.0000 - 2.0000i
>> x2 = 1 - 2j
```

```
x2 =
  1.0000 - 2.0000i
```

在上面例子中，x_1，x_2 表示同一个复数，只是各自的表示方式不同而已。

例 2 分别求 $x_1 = 1 - 2i$ 的实部、虚部、幅值和相角。

```
>> real (x1)
ans =
    1
>> imag (x1)
ans =
    -2
>> abs (x1)
ans =
    2.2361
>> angle (x1)
ans =
    -1.1071
```

8.1.2 MATLAB 的语句和变量

MATLAB 是一种描述性语言，它对输入的表达式边解释边执行。

MATLAB 语句的常用格式为：变量 = 表达式 [;]

表达式可以由操作符、特殊字符、函数、变量名等组成，表达式的结果为一矩阵，它赋给左边的变量，同时显示在屏幕上；如果省略变量名和“ = ”号，则自动产生一个名为 ans 的变量。“ans”是一个缺省变量名，它会被以后类似的操作刷新。例：

```
>> a = 1
a =
    1
>> 4/2
ans =
    2
```

MATLAB 的变量具有一定的命名规则。变量的命名规则为：

(1) 变量名区分字母大小写。如：Tree，tree 及 TREE 都是不同的变量。

(2) 变量名不能超过 63 个字符，第 63 个字符后的字符被忽略。

(3) 变量名必须以字母开头，之后可以是任意字母、数字或下画线，但不能含有空格和标点符号。如“2ab”，“a_ b，c”都是不合法的变量名。

（4）关键字（如 and，if ，while 等）不能作为变量名。

8.1.3 固定变量

MATLAB 中有一些固定变量（或称特殊变量），它们是由 MATLAB 启动时自动定义的，但在工作空间中却看不到，它们不会被“清除内存变量”命令 clear 所清除。固定变量如表 8.1 所示。

表 8.1 固定变量表

固定变量	取　值
ans	用于结果的缺省变量名
pi	圆周率
eps	计算机的最小数
inf	无穷大，如 1/0
Nan 或 nan	不定量，如 0/0
i 或 j	$i = j = \sqrt{-1}$
nargin	函数的输入参数个数
nargout	函数的输出参数个数
varargin	可变的函数输入参数个数
varargout	可变的函数输出参数个数
realmin	最小可用正实数
realmax	最大可用正实数

8.1.4 数值显示格式

MATLAB 显示数值结果时，遵循一定的规则。在缺省情况下，当结果是整数，MATLAB 将它作为整数显示；当结果是实数，MATLAB 以小数点后 4 位的精度近似显示。如果结果中的有效数字超出了这一范围，则以科学计数法显示结果。

数值运算结果的显示格式的设置方法有两种：

（1）通过菜单 File 中的 Preference 菜单项，出现“参数设置”对话框，如图 8.1 所示。这种设置不会因 MATLAB 的关闭而改变，除非用户进行重新设置。

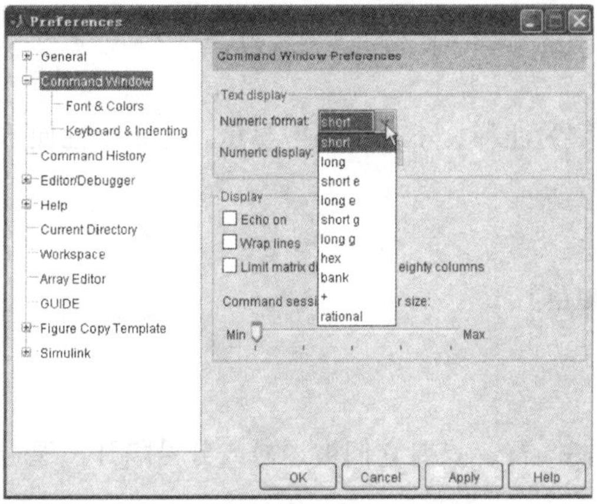

图 8.1　“参数设置”对话框

（2）命令窗口输入“format”命令进行数值显示格式的设置。Format 命令只影响数据输出格式，对 MATLAB 的内部计算和数据存储（MAT 文件）数值精度不产生任何影响。MATLAB 的数值显示与格式类型如表 8.2 所示。

表 8.2　MATLAB 的数值显示与格式类型

命　　令	含　　义	例　　子
format	大于 1000 的实数，用 5 位有效数字科	133.333 显示为 133.3330
format short（默认）	学计数法显示	1333.33 显示为 1.3333e+003
format long	15 位数字表示	π 显示为 3.14159265358979
format short e	5 位科学计数法表示	π 显示为 3.1416e+000
format long e	15 位科学计数法表示	π 显示为 3.141592653589793e+000
format short g	从 format short 和 format short e 中自动选择最佳计数方式	π 显示为 3.1416
format long g	从 format long 和 format long e 中自动选择最佳计数方式	π 显示为 3.14159265358979
format hex	十六进制表示	π 显示为 400921fb54442d18
format bank	表示（金融）元、角、分	π 显示为 3.14
format +	正数、负数、零分别用 +、-、空格表示	π 显示为 +
format rational	分数表示	
format compact	在显示结果之间没有空行的压缩格式	
format loose	在显示结果之间有空行的稀疏格式	

8.1.5　标点符号

百分号后的所有文字为注释，不在结果中显示。这个特性便于对所做工作进行文本注释。

例3

```
> > a = 1      % 给 a 赋值 1
a =
        1
```

多条命令可以放在同一行，只要它们被逗号或分号隔开。逗号显示运算结果，分号不显示运算结果。

例4

```
> > a = 1, b = 2; c = 4 + 1
a =
        1
c =
        5
```

如果表达式较长，在一行放不下，则可以在行末键入三个点（...），指示下一行为续行，但变量名不能被两行分割。

例5

```
> > d = 1/3 ...
* 3
d =
        1
```

8.2　矩阵运算

8.2.1　矩阵的创建

矩阵的生成有多种方式，通常有以下4种方法：

（1）在命令窗口中直接输入矩阵；

（2）通过语句和函数产生矩阵；

（3）在M文件中建立矩阵；

（4）从外部的数据文件中导入矩阵。

其中在命令窗口中直接输入矩阵是最简单、最常用的创建数值矩阵的方法。矩阵元素用方括号（[ ]）括住，每行内的元素用逗号或空格隔开，行与行之间用分号或回车键隔开，其中矩阵元素可以是数值或表达式。

例6　输入矩阵。

```
>> a= [1 2; 3 , 4 ; 5 6]
a =
     1     2
     3     4
     5     6
```

例7　使用冒号运算符创建矩阵。

```
>> x=1 : 5              % 生成从1开始，步长为1，结束值为5的矩阵，步长缺省为1
x =
     1     2     3     4     5
>> z=6 : - 1 : 1              %步长可以为负值
z =
     6     5     4     3     2     1
```

logspace 函数可用于创建对数等距的向量，linspace 函数创建指定长度的等距向量。

例8

```
>> x1 =linspace (0, pi, 6)
x1 =
     0    0.6283    1.2566    1.8850    2.5133    3.1416
> x2 =logspace (0, 2, 3)
x2 =
     1    10    100
```

MATLAB 提供了很多能够产生特殊矩阵的函数，如表 8.3 所示。

表 8.3　特殊矩阵生成函数

函数名	功　能
zeros	产生元素全为 0 的矩阵
ones	产生元素全为 1 的矩阵
rand	产生均匀分布的随机矩阵，元素取值范围为 0.0 ~ 1.0
randn	产生正态分布的随机矩阵
eye	产生单位矩阵

续上表

函数名	功　　能
magic	产生魔方矩阵（矩阵的行、列和对角线上元素的和相等）
compan	产生多项式的伴随矩阵
diag	产生对角矩阵
hilb	产生 Hilbert 矩阵
invhilb	产生逆 Hilbert 矩阵
pascal	产生杨辉三角形矩阵
vander	产生范德蒙矩阵

例 9

```
>> ones (2, 3)      % 生成2×3 的全 1 矩阵，若函数只有一个参数 n，则生成 n×n 的方阵
ans =
     1     1     1
     1     1     1
>> eye (4)      % 生成 4×4 的单位矩阵
ans =
     1     0     0     0
     0     1     0     0
     0     0     1     0
     0     0     0     1
>> magic (3)      % 生成 3 阶魔方矩阵
ans =
     8     1     6
     3     5     7
     4     9     2
>> hilb (4)      % 生成 4×4 的 Hilbert 矩阵，其第 i 行第 j 列的元素值为 1/ (i+j-1)
ans =
    1.0000    0.5000    0.3333    0.2500
    0.5000    0.3333    0.2500    0.2000
    0.3333    0.2500    0.2000    0.1667
    0.2500    0.2000    0.1667    0.1429
```

8.2.2 矩阵元素操作

MATLAB 利用下标来访问矩阵中的元素，下标还可以是向量。

```
>> a = [1 2 3; 4 5 6; 7 8 9]
a =
     1     2     3
     4     5     6
     7     8     9
>> b=a(2,3)          % b 为矩阵 a 的第 2 行，第 3 列元素值
b =
     6
>> d=a([1 2],[2 3])        % 由矩阵 a 第 1、2 行，第 2、3 列元素组成的矩阵
d =
     2     3
     5     6
```

如果在某个下标位置只有一个“:”号，则表示取对应的所有列或行。用“end”表示某一维数中的最大值。

```
>> x1 = a(3,:)          % 第 3 行所有列的元素构成的矩阵
x1 =
     7     8     9
>> x2 = a(1:3, end)        % 取行数为 1~3，列数为 3 的元素构成的矩阵
x2 =
     3
     6
     9
```

矩阵中的元素还可以用单下标的方式来表示。即将矩阵的所有列按先左后右的次序连接成“一维长列”，然后再对元素位置进行编号。

```
>> a(4)
ans =
     2
```

矩阵中的元素可以通过下标进行访问或生成子矩阵，通过同样的方式可以对矩阵中的元素进行重新赋值，生成新的矩阵。还可以通过方括号“[ ]”将小矩阵连接起来生成一个较大的矩阵。

```
>> [a, x2]
ans =
     1     2     3     3
     4     5     6     6
     7     8     9     9
```

MATLAB 中还有一个空矩阵 [ ]，通过空矩阵可以对矩阵的元素进行删除操作。判断一个变量是否为空矩阵可以利用 isempty 函数。

```
>> a (2,:) = [ ]
a =
      1     2     3
      7     8     9
>> x = [ ]
x =
      [ ]
>> isempty (x)
ans =
      1
```

MATLAB 还提供了一些针对矩阵的功能函数，如表 8.4 所示。

表 8.4　矩阵的功能函数

函数名	功　　能
rot90	将矩阵逆时针旋转 90°
fliplr	将矩阵的列反序（左右反序）
flipud	将矩阵的行反序（上下反序）
diag	提取矩阵的对角元素形成对角矩阵或将一个向量转换成对角矩阵
tril	提取矩阵的下三角部分
triu	提取矩阵的上三角部分
reshape	对矩阵重组
size	提取矩阵的维数
length	提取矩阵中维数最大值

```
>> a
a =
      1     2     3
      4     5     6
      7     8     9
>> rot90 (a)
ans =
```

```
        3     6     9
        2     5     8
        1     4     7
>> fliplr (a)
ans =
        3     2     1
        6     5     4
        9     8     7
>> triu (a)
ans =
        1     2     3
        0     5     6
        0     0     9
>> a = [a, x2]        %生成一个3×4的大矩阵
a =
        1     2     3     3
        4     5     6     6
        7     8     9     9
>> reshape (a, 2, 6)        %将一个3×4的矩阵重建成2×6的矩阵
ans =
        1     7     5     3     9     6
        4     2     8     6     3     9
>> size (a)        %矩阵a的行数3,列数为4
ans =
        3     4
>> length (a)        %矩阵a的最大维数为4
ans =
        4
```

8.2.3 矩阵的基本运算

1. 矩阵的四则运算

矩阵的加法和减法是指，对两个大小相等的矩阵，其相对应位置上的元素做加法或减法。矩阵与标量相加减时，矩阵的各元素都与该标量进行运算。

```
>> a = fix (10 * rand (3))        % fix 函数是对零方向取整
a =
        9     4     4
```

```
        2     8     0
        6     7     8
>> b=fix(10*rand(3))
b =
        4     9     4
        6     7     9
        7     1     9
>> c=a+b
c =
       13    13     8
        8    15     9
       13     8    17
>> d=a+1
d =
       10     5     5
        3     9     1
        7     8     9
```

矩阵乘法 $C=A*B$ 的定义是当 A 的列数等于 B 的行数，或 A、B 两者中有一个是常数，则 $C=A*B$ 才有意义。矩阵与标量相乘时，矩阵的各元素都与该标量进行运算。

```
>> x=[2 3 4 5; 1 2 2 1]
x =
        2     3     4     5
        1     2     2     1
>> y=[0 1 1; 1 1 0; 0 0 1; 1 0 0]
y =
        0     1     1
        1     1     0
        0     0     1
        1     0     0
>> z=x*y
z =
        8     5     6
        3     3     3
>> x1=x*2
x1 =
        4     6     8    10
```

```
        2     4     4     2
```

在 MATALB 中还有一种乘法运算，“. *” 称为点乘，若 A 和 B 具有相同的维数，则 $A.*B$ 为 A 和 B 中对应元素的简单乘积。

```
>> x = [1 2 3; 4 5 6]
x =
        1     2     3
        4     5     6
>> y = [3 4 5 ; 6 7 8]
y =
        3     4     5
        6     7     8
>> z = x. * y
z =
        3     8    15
       24    35    48
```

矩阵的除法有两种表达式：“$A\backslash B$” 和 “A/B”，分别表示左除和右除。一般来说，$X = A\backslash B$ 是方程 $A*X = B$ 的解，$A\backslash B = A^{-1}*B$；$X = A/B$ 是 $X*B = A$ 的解，$A/B = AB^{-1}$。其中 A^{-1} 是 A 矩阵的逆，可用 inv（A）求逆矩阵。

例 10　已知 A 与 B 的值：

$$A = \begin{bmatrix} 1 & 2 & 3 \\ 3 & 2 & 1 \\ 1 & 2 & 5 \end{bmatrix} \qquad B = \begin{bmatrix} -2 & 9 & -15 \\ 6 & 15 & -21 \\ -6 & 11 & -2 \end{bmatrix}$$

求出 $AX = B$ 和 $XA = B$ 的解。

（1）求 $AX = B$ 的解。

```
>> A = [1 2 3; 3 2 1; 1 2 5];
>> B = [-2 9 -15; 6 15 -21; -6 11 -2];
>> A \ B
ans =
      2.0000      4.0000      3.5000
      1.0000      1.0000    -19.0000
     -2.0000      1.0000      6.5000
>> inv (A) * B
ans =
      2.0000      4.0000      3.5000
      1.0000      1.0000    -19.0000
```

```
    -2.0000    1.0000    6.5000
```

（2）求 $BX=A$ 的解。

```
>> B/A
ans =
    25.2500    -3.2500    -17.5000
    30.7500    -0.7500    -22.5000
    26.2500    -5.7500    -15.0000
>> B*inv(A)
ans =
    25.2500    -3.2500    -17.5000
    30.7500    -0.7500    -22.5000
    26.2500    -5.7500    -15.0000
```

矩阵的转置用撇号“′”来表示，如果矩阵是复数矩阵，则为共轭转置。

```
>> a=[1 2 3; 4 5 6; 7 8 9]
a =
     1     2     3
     4     5     6
     7     8     9
>> a'
ans =
     1     4     7
     2     5     8
     3     6     9
```

2. 矩阵的关系运算

MATLAB 的关系操作符包括了常用的比较关系，常用的关系操作符有：<、<=、>、>=、==（等于）、~=（不等于）。关系运算在对应元素之间进行，结果是一个二值矩阵，其中 0 代表“假”，1 代表“真”。

```
>> a=1:9, b=9-a
a =
     1     2     3     4     5     6     7     8     9
b =
     8     7     6     5     4     3     2     1     0
>> c=a>4
c =
     0     0     0     0     1     1     1     1     1
```

```
    0    0    1    1    1    0    0    0    0
```

3. 矩阵的逻辑运算

MATLAB 有 6 种逻辑运算，即逻辑与（&）、逻辑或（|）、逻辑非（~）、逻辑异或（xor）、先决与（&&）和先决或（||）。逻辑运算法则如表 8.5 所示。

&&（先决与）逻辑运算符是当该运算符的左边为 1（真）时，才继续执行该符号右边的运算。||（先决或）逻辑运算符是当该运算符的左边为 1（真）时，就不需要继续执行该符号右边的运算，而得出运算结果为 1（真）；否则，就要继续执行该符号右边的运算。

表 8.5　逻辑运算法则

a	b	a&b	a|b	~a	xor（a，b）
0	0	0	0	1	0
0	1	0	1	1	1
1	0	0	1	0	1
1	1	1	1	0	0

```
>> d = (a == b)
d =
    0    0    0    0    0    0    0    0    0
>> ~(a>4)
ans =
    1    1    1    1    0    0    0    0    0
>> (a>2) & (a<6)
ans =
    0    0    1    1    1    0    0    0    0
>> (a~=0) && (b<c)
ans =
    0
>> (a~=0) || (b<c)
ans =
    1
```

4. 矩阵的分解

下面主要介绍 4 大类矩阵分解函数，如表 8.6 所示。

表 8.6　矩阵的分解函数

函数名		功能
三角分解（LU）	[L, U] =lu (A)	将矩阵 A 分解成一个上三角阵 U 和一个下三角阵 L，使得 $A=L\times U$
正交分解（QR）	[Q, R] =qr (A)	将矩阵 A 进行正交分解，使得 $A=Q\times R$。Q 为单位矩阵，其范数为 1，R 为对角化的上三角矩阵
奇异值分解（SVD）	[U, S, V] =svd (A)	使得 $A=U\times S\times V'$，其中 U 和 V 为正交矩阵，S 为对角矩阵
特征值分解	[V, D] =eig (A)	求矩阵 A 的特征向量 V 及特征值 D，使得 $A\times V=V\times D$

```
>> A=fix(40*rand(3))
A =
      16    14     5
      35    32     8
       2     0     7
>> [L, U] =lu(A)
L =
      0.4571    0.3437    1.0000
      1.0000         0         0
      0.0571    1.0000         0
U =
      35.0000    32.0000     8.0000
            0    -1.8286     6.5429
            0          0    -0.9062
>> A==L*U
ans =
    1    1    1
    1    1    1
    1    1    1
>> [Q, R] =qr(A)
Q =
      -0.4152     0.2530    -0.8738
      -0.9082    -0.1701     0.3823
      -0.0519     0.9524     0.3004
R =
      -38.5357    -34.8768    -9.7053
```

```
        0      -1.9006     6.5712
        0            0     0.7919
>> norm (Q)      %求Q的范数
ans =
    1.0000
>> [U, S, V] =svd (A)
U =
   -0.4126     0.1549    -0.8977
   -0.9095    -0.1261     0.3962
   -0.0519     0.9798     0.1929
S =
   52.8735          0          0
         0     6.8826          0
         0          0     0.1594
V =
   -0.7288     0.0033    -0.6847
   -0.6597    -0.2714     0.7008
   -0.1835     0.9625     0.2000
>> [V, D] =eig (A)
V =
    0.4062     0.6838     0.0435
    0.9136    -0.7016    -0.3605
    0.0199    -0.2003     0.9318
D =
   47.7352          0          0
         0     0.1713          0
         0          0     7.0935
```

8.3 多项式运算

在 MATLAB 中多项式由一个行向量来表示，它的系数按降序排列，且必须包括具有零系数的项，而多项式的根用列向量表示。

例 11 输入多项式 $4x^3+3x^2+2x+1$。

```
>> p= [4 3 2 1]
p =
    4    3    2    1
```

多项式的运算包括求根、函数值、多项式微分、多项式分解等运算。相关的函数如表8.7所示。

表8.7 多项式运算函数

函数名	功能
roots (p)	求多项式 p 的根
poly (p)	若 p 为根向量，则求出多项式； 若 p 为矩阵，则得到矩阵的特征多项式
polyval (p, n)	求多项式 p 的未知数为 n 时多项式的取值
polyder (p)	求 p 的微分多项式
[r, p, k] =residue (x, y)	求 x/y 的部分分式分解
conv (x, y)	求多项式 x 与 y 的乘积多项式
deconv (x, y)	求多项式的除法

```
>> p= [1 0 -2 -4];
>> r=roots (p)        % 求多项式 x^3 -2x -4 =0 的根
r =
      2.0000
     -1.0000 + 1.0000i
     -1.0000 - 1.0000i
>> poly (r)
ans =
      1.0000     -0.0000     -2.0000     -4.0000
>> a= [-1 0; 0 -2]
a =
     -1     0
      0   -2
>> poly (a)       %求特征多项式
ans =
      1     3     2
>> polyval (ans, 5)       % 求特征多项式中未知量为5时的值
ans =
      42
>> p= [1 0 -2 -4];
```

```
>> polyder (p)        % 对多项式 x^3 -2x -4 求导得到多项式 3x^2 -2
ans =
     3     0    -2
>> x=10* [1 2];       % 分子多项式
>> y=poly ( [ -1; -3; -4]);       % 分母多项式，其根为 -1， -3， -4
>> [res, poles, k] =residue (x, y)
   res =
     -6.6667
     5.0000
     1.6667
poles =
     -4.0000
     -3.0000
     -1.0000
k =
     []
```

上述运算说明：

$$\frac{10(a+2)}{(a+1)(a+3)(a+4)} = \frac{-6.6667}{a+4} + \frac{5}{a+3} + \frac{1.6667}{a+1}$$

例 12 求多项式 $x(a) = a^2 + 2a + 3$ 和 $y(a) = 4a^2 + 5a + 6$ 的乘积 $z(a)$。

```
>> x= [1 2 3];
>> y= [4 5 6];
>> z=conv (x, y)
z =
     4    13    28    27    18
>> [q, r] =deconv (z, x)       % 求 y(a)=z(a)/x(a)
q =
     4     5     6
r =
     0     0     0     0     0
```

习题八

1. 试用以下各种显示格式设定命令，查看 pi 和 eps 的效果。

   format long /short e /long e /short g / long g / hex / rat

2. 用 MATLAB 可以识别的格式输入下面两个矩阵：

$$A=\begin{bmatrix}1&2&3&3\\2&3&5&7\\1&3&5&7\\3&2&3&9\\1&8&9&4\end{bmatrix},\qquad B=\begin{bmatrix}1+4\mathrm{i}&4&3&6&7&8\\2&3&3&5&5&4+2\mathrm{i}\\2&6+7\mathrm{i}&5&3&4&2\\1&8&9&5&4&3\end{bmatrix}。$$

再求出它们的乘积矩阵 C，并将 C 矩阵的右下角 2×3 子矩阵赋给 D 矩阵。赋值完成之后，调用相应的命令查看 MATLAB 工作空间的情况。

3. 已知 $A=\begin{bmatrix}1&1&1\\-1&1&1\\1&-1&1\end{bmatrix}$，$B=\begin{bmatrix}1&2&1\\1&3&-1\\2&1&4\end{bmatrix}$。

求：(1) $AB-2A$；(2) $A*B$；(3) $A.*B$；(4) $AB-BA$。

4. 解方程组：

(1) $\begin{cases}x+y+z=1\\x+2y+z-w=8\\2x-y-3w=3\\3x+3y+5z-6w=5\end{cases}$；　　(2) $\begin{cases}x+y+z=5\\2x+y-z+w=1\\x+2y-z+w=2\\y+2z+3w=3\end{cases}$。

第9章 程序设计

9.1 程序文件和函数文件

在 MATLAB 中有两种工作方式：一种是直接交互的命令行模式，用户每输入一行命令，回车后 MATLAB 就解释并执行这条命令，并根据要求显示运算结果。但是单靠一条一条地输入命令难以实现复杂的功能，因此还有另一种工作模式——文件驱动模式。这两种模式共同构成了 MATLAB 的交互式工作环境。

包含 MATLAB 语句序列的文本文件称为 M 文件，其扩展名为 . m。M 文件还可以调用其他 M 文件，甚至还可以自己调用自己。

M 文件可以通过文本编辑器或字处理器生成。在 MATLAB 中 M 文件可以通过 M 文件编辑/调试窗口来创建，此窗口具有编辑和调试功能。可以通过三种方式打开 M 文件编辑/调试窗口（如图 9. 1 所示）：

（1）单击 MATLAB 工具栏的 □ 图标；

（2）单击选项” File” — “New” — “M-file”；

（3）在命令窗口输入“edit”命令。

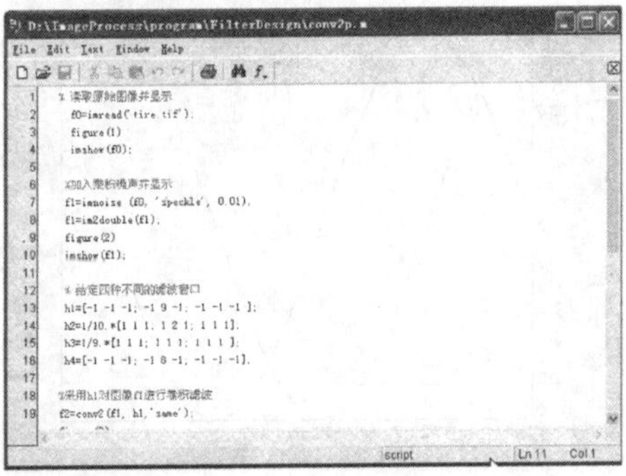

图 9. 1 M 文件编辑/调试窗口

MATLAB 定义了两种类型的 M 文件：程序文件和函数文件。程序文件包含了一连串的 MATLAB 命令，调用程序文件会自动执行一系列命令直至给出结果。函数文件则为 MATLAB 提供了扩充性，通过函数文件，可以产生完成具有特定功能的函数。两种 M 文件的比较如表 9.1 所示。

表 9.1　程序文件与函数文件的比较

程序文件	函数文件
没有输入参数，也不会返回参数	可以接受参数，也可以返回参数
处理的数据在 MATLAB 工作空间中	函数中的变量为局部变量，也可以设置全局变量

9.1.1　程序文件

当一个程序文件启动后，MATLAB 就解释执行它所遇到的每一条 MATLAB 语句，每条语句都是在 MATLAB 的工作空间（spacework）中执行的。在运行过程中产生的所有变量均是全局变量，这些变量一旦生成就保存在工作空间中，除非运用 clear 命令将他们清除。

例 1　有一个程序文件 proc1. m，其语句序列如下：

```
% 绘制 [0, 2 * pi] 之间的正弦曲线和余弦曲线
x =0: 0.01: 2 * pi;
y1 = sin (x);
y2 = cos (x);
plot (x, y1, x, y2)
```

其中“%”右边的语句为说明语句，起到注释或帮助的功能。在 MATLAB 命令窗口中键入 proc1，则 MATLAB 会自动执行这一文件中的每条语句，并产生执行结果，如图 9.2 所示。

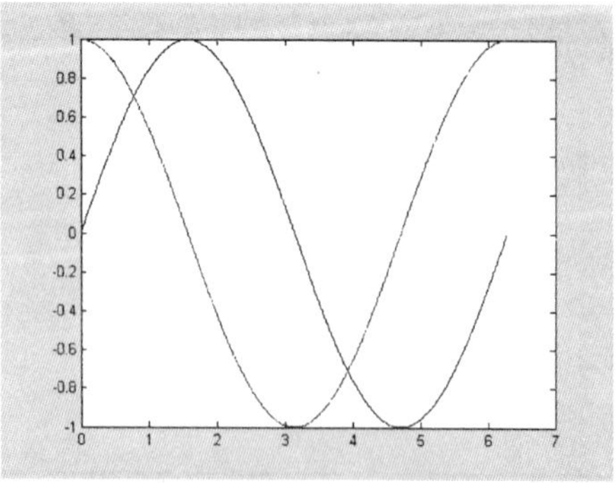

图 9.2　运行界面

9.1.2 函数文件

函数文件的第一行必须包含关键字“function”。每一个函数文件都定义了一个函数，MATLAB 提供的函数大都是由函数文件定义的。从使用角度来看，函数是一个“黑箱”，把一些数据送进去，进行加工处理后，把结果送出来。

例 2 函数文件 mean. m 包含以下语句：

```
function y = mean (x, dim)
%MEAN   Average or mean value.
%   For vectors, MEAN (X) is the mean value of the elements in X. For
%   matrices, MEAN (X) is a row vector containing the mean value of
%   each column. For N-D arrays, MEAN (X) is the mean value of the
%   elements along the first non-singleton dimension of X.
%
if nargin = =1,
  % Determine which dimension SUM will use
  dim = min (find (size (x)  ~ =1));
  if isempty (dim), dim = 1; end
  y = sum (x) /size (x, dim);
else
  y = sum (x, dim) /size (x, dim);
end
```

这个函数文件的功能是计算向量或矩阵的平均值。例如：

```
> > x =1: 5;
> > mean (x)
ans =
      3
```

函数文件的主要特点如下：

(1) 文件的第一行总是以“function”引导的函数声明行，主要说明了函数的名称、输入参数、输出参数。这一行的有无，是区别程序文件与函数文件的一个重要标志。

函数声明行的格式为：function [输出变量列表] =函数名（输入函数列表）

(2) “%”后面的语句是用来注释说明的，只是为了易于理解，而不被 MATLAB 执行。

(3) 文件前面几行由“%”开始的语句构成了 M 文件的帮助信息。当在命令窗口键入 help mean 时，可以得到 mean. m 文件的帮助信息。

```
>> help mean
MEAN   Average or mean value.
    For vectors, MEAN (X) is the mean value of the elements in X. For
    matrices, MEAN (X) is a row vector containing the mean value of
    each column. For N-D arrays, MEAN (X) is the mean value of the
    elements along the first non-singleton dimension of X.
```

（4）第一行帮助信息，成为 h1 行，它被记录在系统目录的 contents. m 文件中，可以通过 lookfor 命令查询。

（5）函数文件在运行过程中产生的变量都存放在函数本身的工作空间，函数文件结束运行后，函数工作空间中的变量被清除。

（6）调用函数文件时，传递的参数名称不一定与函数文件中定义的参数名称相同。函数工作空间变量 nargin 包含了输入参数的个数；而 nargout 则包含了输出参数的个数。

（7）一个函数内的变量没有特别声明，那么这个变量只是在函数内部可用。如果两个或多个函数想共用一个变量，那么需要用 global 命令将它声明成全局变量。

9.1.3 M 文件中的命令语句

1. echo 命令

通常在执行 M 文件时，其语句不会在屏幕显示。利用 echo 命令可使命令在屏幕显示，给程序调试带来了方便。其格式为：

```
echo on    切换到显示其后所有被执行命令的状态
echo off   切换到其后所有被执行命令不被显示的状态
echo    实现被执行命令是否被显示的状态切换
```

2. input 函数

input 函数可以在执行 M 文件的过程中等待用户输入一行信息。例如，有一个 M 文件 numbers. m，其内容为：

```
x = input ('how many people:')
x * x
```

在命令窗口运行该文件时，得到提示信息并等待输入 x 的值：

```
how many people: 4
x =
    4
ans =
    16
```

3. keyboard 命令

keyboard 命令的作用与 input 相似，但它可以等待输入多行命令，并将输入的内容作为一个程序文件来处理，键入 return 命令来返回正常状态，表示输入完成，这一条命令是必需的。M 文件含有 keyboard 命令，便于程序调试或在程序执行中修改变量。

4. pause 命令

pause 命令是使程序暂停执行，当按任意键，程序继续执行。pause（n）是等待 *n* 秒后自动继续执行。

9.2 程序流程控制

MATLAB 具有与许多计算机语言类似的流程控制语句，这些流程控制语句使程序更富有灵活性、功能更强大。MATLAB 提供了四种基本的流程控制结构：顺序结构、循环结构、条件分支结构和试探结构。其中顺序结构是复合表达式的语句，就是按顺序执行各个命令语句。

9.2.1 循环结构

MATLAB 的循环结构有两种：for... end 结构和 while... end 结构。

1. for 循环语句

如果需要反复执行的一组语句的循环次数是已知的或预定义的，则可以使用 for 循环结构。for 循环语句的一般结构是：

```
for  循环变量 = 表达式
     循环体
end
```

for 循环语句的执行过程是：依次地将表达式中的各值赋给循环变量，然后执行循环体中的语句。

例 3

```
>> a=10;
>> for i=1: a
x (i)  =i*i;
end
>> x
x =
    1    4    9    16    25    36    49    64    81    100
```

说明：① 循环体被循环执行，执行的次数就是表达式的列数；② 每一个 for 必须与 end 相匹配，否则将出错；③ for 循环不能用循环体内重新赋值循环变量来终止；④ for 循环可以嵌套。

```
>> m=3;
>> n=4;
>> for i=1:m
for j=1:n
a(i,j)=1/(i+j-1);
end
end
>> format rat
>> a
a =
      1      1/2      1/3      1/4
     1/2     1/3      1/4      1/5
     1/3     1/4      1/5      1/6
```

2. while 循环语句

while 循环语句在逻辑条件控制下，重复执行不确定次数循环体，直到循环条件为假。while 循环语句的一般结构是：

```
while 表达式
    循环体
end
```

只要表达式的值非零，循环体就重复执行。

例 4　求使 $n!$ 小于 10 的 100 次方的最小整数 n。

```
>> n=1;
>> while prod(1:n)<10^100      % 函数 prod 的作用是将参数累计相乘
    n=n+1;
end
>> n
n =
    70
```

另外，break 语句可以使包含 break 语句的最内层的 for 或 while 语句强制终止，立即跳出该结构执行 end 后面的命令。continue 命令用于结束本次 for 或 while 循环，与 break 命令不同的是，continue 语句只结束本次循环而继续进行下次循环。return 命令终止当前命令的执行，并返回上一层调用函数。当程序进入死循环时，则按 Ctrl + Break 键来终止程序的运行。

9.2.2 条件分支结构

在复杂的计算中常常需要根据表达式的情况确定下一步该如何做，MATLAB 提供了条件分支结构。if…else…end 结构是常用的条件转移结构，其一般结构是：

```
if  条件式 1
    语句段 1
elseif  条件式 2
    语句段 2
    ……
else
    语句段 n + 1
end
```

说明：①当条件式 1 为假时，就判断条件式 2，如果所有的条件式都不满足，则执行 else 的语句段 n + 1，当条件式为真，则执行相应的语句段。②if 语句嵌套式，if 和 else 必须对应，否则容易出错。

例 5 编写函数 bs. m 进行实数的分区选择。

函数文件为：

```
function f = bs (x)
if x < 0
    f = 0;
elseif x < 1
    f = x;
elseif x < 2
    f = 2 - x;
else
    f = 0
end
```

则有：

```
> > bs ( -1)
ans =
    0
> > bs (2)
```

```
f =
    0
ans =
    0
```

MATLAB 中还有一种条件分支结构：switch 开关语句。如果必须针对某个变量值来做多种不同的执行，则 switch 比 if、else 更为方便。switch 语句的结构：

```
switch  分支结构（数值或字符串）
    case  数值（或字符串）条件 1
          语句组 1
    case  数值（或字符串）条件 2
          语句组 2
otherwise
          语句组 n
end
```

9.2.3　试探结构

try…catch 试探结构给用户提供了一种错误捕获机制。其结构为：

```
try
      语句段 1
catch
      语句段 2
end
```

首先试探性地执行语句段 1，如果语句段 1 没有出现错误，就直接跳到 end 语句。如果在语句段 1 执行过程中出现错误，则将错误信息赋给 lasterr 变量，并放弃这段语句，转而执行语句段 2，当语句段 2 又出现错误，则终止该结构。

```
>> x = magic (4);
>> y = ones (3, 3);
>> try
z = x * y
catch
disp ('x and y is not conformable.')
end
x and y is not conformable.
>> lasterr
```

```
ans =
Error using ==> *
Inner matrix dimensions must agree.
```

由于 x 和 y 的维数不符，所以执行语句段 1 出错，于是执行语句段 2，并将错误信息保留在变量 lasterr 中。

习题九

1. 用 MATLAB 语言实现下列分段函数：$y = f(x) = \begin{cases} h, & x > D \\ h/Dx, & |x| \leq D \\ -h, & x < -D \end{cases}$。
2. 编写一个矩阵相加函数 mat_ add ( )，使其具体的调用格式为 A = mat_ add（A1，A2，A3，...），要求该函数能接受任意多个矩阵进行加法运算。
3. 假设存在一个文件 file_ example. m，在 MATLAB 环境中使用命令 clear file_ example，是否将 file_ example. m 文件从硬盘上删除？
4. 分别写出用 for 和 while 循环语句计算 $K = \sum_{i=0}^{63} 2^i = 1 + 2 + 2^2 + \cdots + 2^{63}$ 的程序。
5. 利用试探结构编写一个矩阵乘法运算。先求两矩阵的乘积，要求两矩阵的维数相容，否则会出错。若出错，则自动转去求两矩阵的点乘。

第 10 章　MATLAB 计算的可视化

10.1　二维绘图

MATLAB 自动将图形绘制在图形窗口中。当 MATLAB 没有图形窗口时，绘图命令将新建一个图形窗口；当 MATLAB 已存在一个或多个图形窗口时，MATLAB 一般指定最后一个图形窗口作为当前绘图命令的输出窗口，如果没有创建新的图形窗口，则新绘制的图形会将原图形覆盖掉。

函数 subplot 可以把多个图形绘制在一个图形窗口中。函数 subplot（m，n，i）把图形窗口分成 $m \times n$ 个小图形区域，并指定第 i 个区域为图形的绘制区域。

例 1

```
>> t = -2*pi:0.01:2*pi;
>> subplot (2, 2, 1)
>> plot (t, sin (t))
>> subplot (2, 2, 2)
>> plot (t, cos (t))
>> subplot (2, 2, 3)
>> plot (t, tan (t))
>> axis ([-pi pi -100 100])    %设置坐标轴的显示范围
>> subplot (2, 2, 4)
>> plot (t, atan (t))
```

得到如图 10.1 所示的图形。

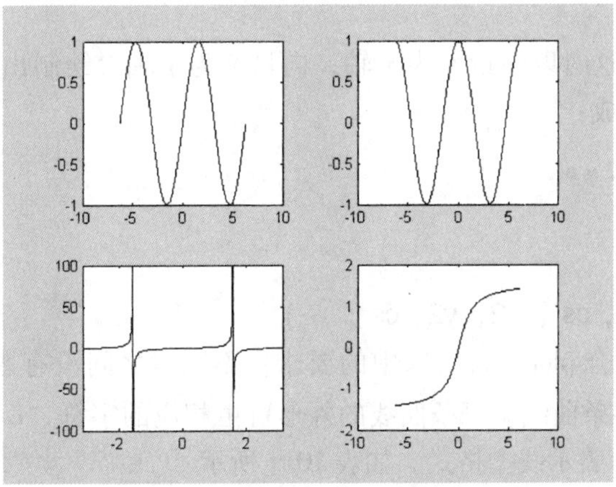

图 10.1 一个图形窗口中绘制多个图形

10.1.1 基本绘图命令

函数 plot 是 MATLAB 中最简单、用得最广泛的一个线型绘图函数，利用它可以绘制线段、曲线、参数方程曲线等函数图形。plot 的基本命令形式有：

1. plot（y）

当 y 为一向量时，它以 y 的序号作为 x 轴，按向量 y 的值绘制曲线。即是顺序地用直线段连接顶点 $\{(i, y(i))\}$。图 10.2 就是用下面的语句生成的：

```
> > plot（[0 -12 4 2 9]）
```

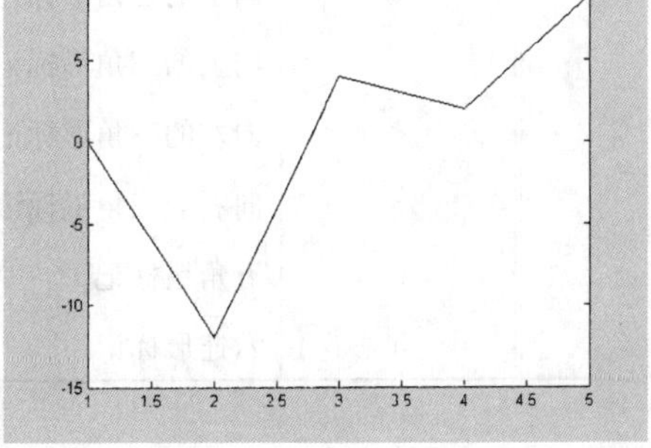

图 10.2

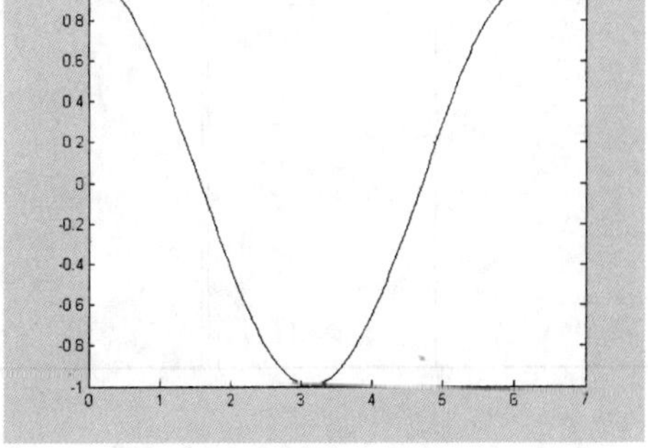

图 10.3

2. plot（x，y）

x、y 均为向量，这时以向量 x 为 x 轴，向量 y 为 y 轴，绘制出典型的二维曲线。图 10.3 是由下面语句生成：

```
>> t=0: pi/100: 2*pi;
>> y=cos (t);
>> plot (t, y)
```

3. plot（x1，y1，'cs'，x2，y2，'cs'，…）

每对 x、y 必须符合 plot（x，y）中的要求，不同对之间没有影响。命令分别以 x_1，y_1；x_2，y_2；…绘制多条曲线。每条曲线的外形可由相应的字符“cs”来指定，其中 c 表示曲线颜色的字符，s 表示线型格式。如表 10.1 所示。

表 10.1　线段、颜色与数据点形

颜色		数据点间连线		数据点形	
符号	类型	符号	类型	符号	类型
Y（yellow）	黄色	-	实线（默认）	.	实点标记
M（magenta）	紫色	:	点线	○	圆圈标记
C（cyan）	青色	-.	点画线	X	叉号形标记
R（red）	红色	--	虚线	+	十字形标记
G（green）	绿色			*	星号标记
B（blue）	蓝色			S	方块标记
W（white）	白色			D	钻石形标记
K（black）	黑色			V	向下的三角形标记
				^	向上的三角形标记
				<	向左的三角形标记
				>	向右的三角形标记
				P	五角星标记
				h	六连形标记

例 2

```
>> t=0: pi/100: 2*pi;
>> y1=cos (t-0.25);
```

```
>> y2 = sin (t-0.5);
>> plot (t, y1, t, y2)    %所绘图形如图 10.4 所示
>> figure     %创建一个新的图形窗口
>> plot (t, y1, 'r--', t, y2, 'g:')    %所绘图形如图 10.5 所示
```

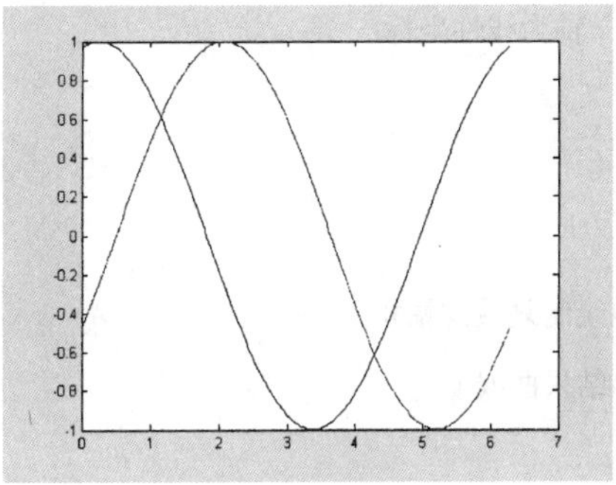

图 10.4 多向量输入图

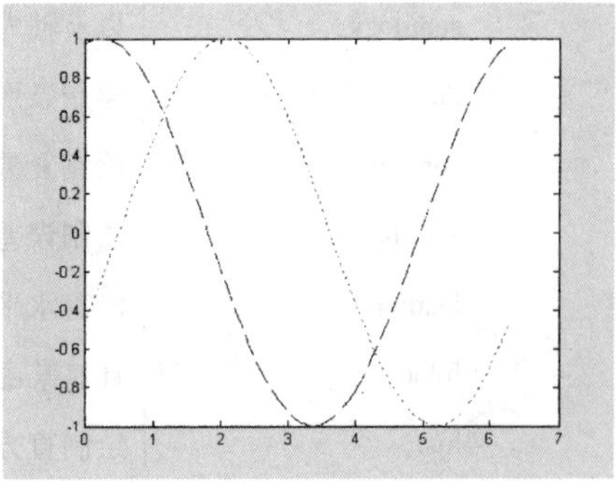

图 10.5 采用不同线型的绘制结果

用 plot 函数进行多种调用方式时，MATLAB 自动以默认方式设置各曲线的线型、线段颜色和数据点形等。因此，在图 10.4 中，不同曲线自动用不同颜色来绘制。

hold 命令用于向已有的图形窗口中加入图形。hold on 命令可以保留已绘制的图形，即后续的绘图命令产生的曲线会叠加在已有的图形上。如果新的数据超出了曲线的范围，则会自动调节 x、y 的坐标。hold off 使当前坐标系和图形不保留，这是 MATLAB 的缺省情况；hold 命令则在上面两个命令之间切换。

例 3

```
>> t=0: pi/100: 2*pi;
>> x = sin (t);
>> x1 = sin (t+0.25);
>> x2 = sin (t+0.5);
>> plot (x)
>> hold on
>> plot (x1, 'r--')
>> plot (x2, 'b-.')
```

可产生如图 10.6 所示的图形。

MATLAB 还提供了其他一些绘图函数和一些绘制二维图形的特殊函数。如表 10.2 所示。

表 10.2　绘图函数

函　数	功　能
loglog	在对数坐标系中绘制曲线
semilogx	以 x 轴为对数坐标，y 轴为线性坐标
semilogy	以 y 轴为对数坐标，x 轴为线性坐标
bar	绘制条形图
compass	绘制复数的幅相图
errorbar	绘制误差条形图
feather	沿着水平轴等间隔地绘制复数的幅相图
fplot	计算某函数并绘制出结果曲线
hist	绘制直方图
polar	绘制极坐标图
quiver	在梯度或矢量场中绘图
rose	绘制角度直方图
stairs	绘制类似于条形图的图形，但不含内部线条
fill	绘制多边形填充图

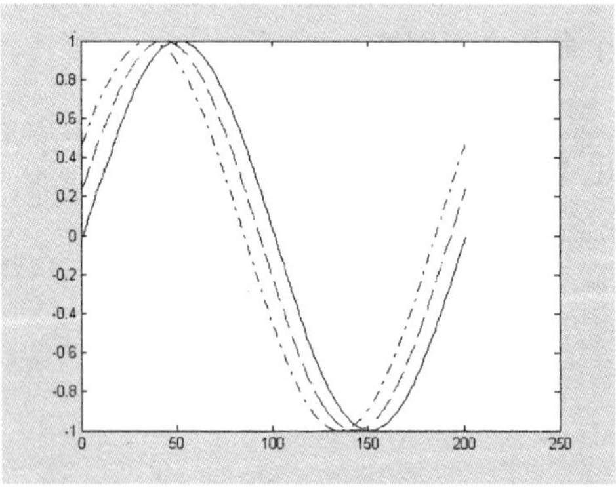

图 10.6　用 hold on 在窗口画出多条曲线

10.1.2　图形标注

MATLAB 可以在绘制的图形上加各种标注及文字说明，以丰富图形的表现力。还可以用中文进行标注与文字说明，但需注意的是，用于标记文字的单引号应该是英文的而不是中文的单引号。

1．文字标示

如果同一图形窗口中图形比较多，希望在图形上加写记号来区别和表示，关于图形的标题、坐标轴说明的命令有：

title　　在图形的顶端加注文字作为图名（title 函数要在 plot 函数后，否则不起作用）

xlabel　　在当前图形的 x 轴旁边加入文字内容

ylabel　　在当前图形的 y 轴旁边加入文字内容

zlabel　　在当前图形的 z 轴旁边加入文字内容

text　　在指定位置加文字注释

例 4

```
>> t=0: 0.1: 3*pi;
>> plot (t, sin (t));
>> xlabel ('t (deg) ');
>> ylabel ('magnitude')
>> title ('\it {sine wave from zero to 3\pi} ');
> text (pi, sin (pi), 'x = \pi')
```

运行结果如图 10.7 所示。

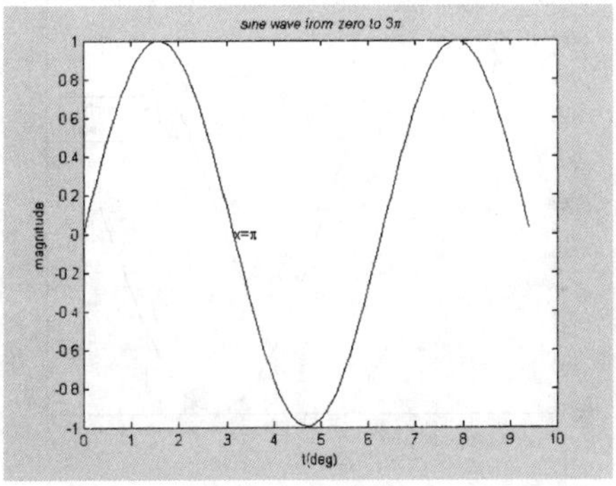

图 10.7　文字标注

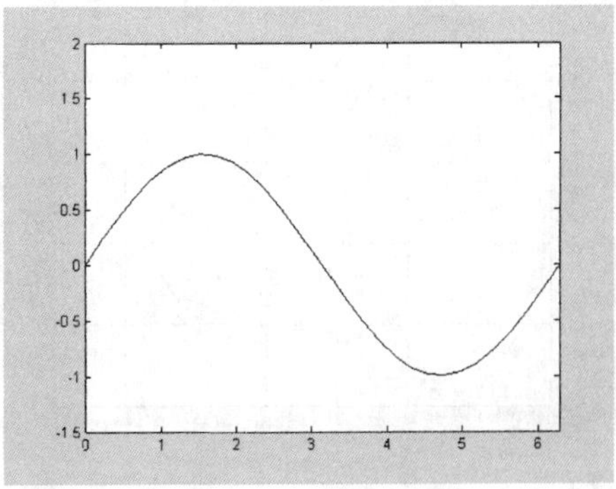

图 10.8　坐标轴控制

2．坐标轴控制

在缺省状态下，MATLAB 图形坐标轴的属性是：“自动（auto）”对坐标轴刻度、“显示（on）”坐标轴、采用“直角（xy）”坐标。MATLAB 总是把 x，y 轴的范围定得比图形的最大值还要大些。有时，用户需要根据自己的需要，运用 axis 命令来设定坐标轴。其中指定二维图形 x 轴和 y 轴的刻度范围的命令为：axis（［xmin，xmax，ymin，ymax］）

例 5

```
>> t=linspace（0，2*pi，30）；
>> y=sin（t）；
>> plot（t，y）
>> axis（［0 2*pi －1.5 2］）
```

运行结果如图 10.8 所示。

3. 分格线和坐标框

在图形中用虚线来标示各坐标，可以更容易的找出各点的准确点。grid 命令显示或不显示分格线。box 命令使当前坐标框成封闭或开启状态。

例 6

```
>> x=0：pi/20：2*pi；
>> plot（x，sin（x））
>> hold on
>> plot（x，sin（x）－0.1，'r－－'）
>> grid on
```

运行结果如图 10.9 所示。

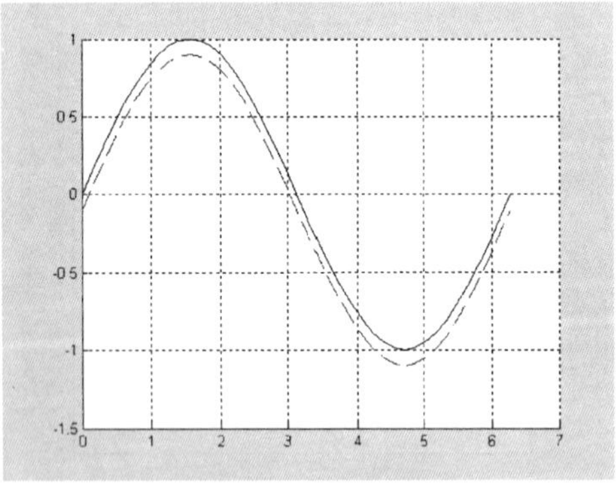

图 10.9　图形加分格线

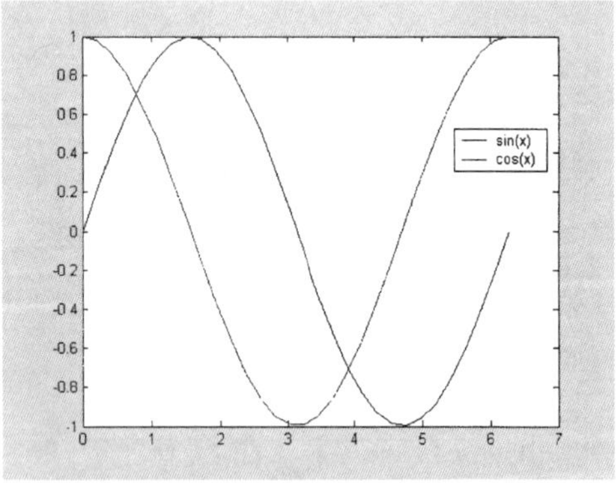

图 10.10　图形加图例

4. 图例

MATLAB 中的 legend 命令，用文本确定每个数据集，该命令可用于区分图形上的曲线。

例 7

```
>> x = linspace (0, 2 * pi, 30);
>> y = sin (x); z = cos (x);
>> plot (x, y, x, z)
>> legend ('sin (x)', 'cos (x)')
```

运行结果如图 10.10 所示，其中图例可以用鼠标来移动位置。

10.1.3 交互性绘图命令

MATLAB 中还提供了一些可通过鼠标来进行图形操作的命令。

1. ginput 命令

ginput 命令可以从当前图形窗口中选择坐标点，其格式为：

```
[x, y] = ginput (n)
```

根据鼠标单击的位置从当前图形或子图中获取 n 个点。如果在选择全部 n 个点之前按了回车键，则终止选择并返回已选择点的 x 和 y 坐标值。

2. gtext 命令

该命令可以用鼠标将文字放置在鼠标所指定的位置。

例 8

```
>> x = 0: 0.01: 3 * pi;
>> plot (x, cos (x))
>> [x1, y1] = ginput (1)
x1 =
    1.1866
y1 =
    0.3655
>> gtext ('2 \ pi')
```

运行结果如图 10.11 所示。

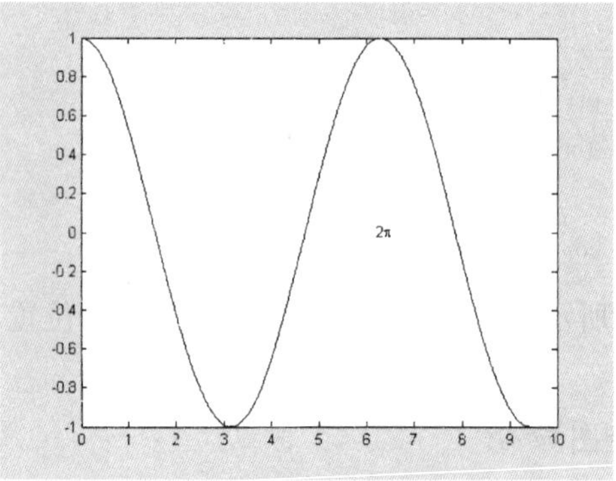

图 10.11　鼠标选点图

10.2　三维绘图

MATLAB 具有强大的三维图形功能，包括三维数据显示、空间曲线、曲面、分块及填充，以及视点变换、旋转、隐藏等功能。MATLAB 主要的三维图形函数如表 10.3 所示。

表 10.3　MATLAB 主要的三维图形函数

函　　数	功　　能
plot3	在三维空间绘制线图和点图
contour/contour3	绘制矩阵数据图形或函数曲面的等高线图形
pcolor	绘制位形彩色图
image	建立映象（即通过将矩阵元素映象到当前彩色图来显示矩阵）
mesh/meshc/meshz	绘制三维网格表面图
surf/surfc/surfz	绘制三维网格阴影图
fill3	绘制三维的多边形区域并按一定的方式填充区域内部
view	设置三维坐标系的视点

10.2.1　三维曲线图

三维绘图函数 plot3，其格式为：

plot3 (x, y, z)

如果 x，y，z 为三个长度相等的向量，则可在三维空间中生成一条曲线，每一点的坐标对应于 x，y，z 的值。如果 x，y，z 为相同大小的矩阵，则可在三维空间中绘制出由 x，y，z 的列构成的一组曲线。

例 9

```
>> t=0: pi/50: 10*pi;
>> plot3 (sin (2*t), cos (2*t), t)
>> axis square   %产生正方形坐标系
>> grid on
```

运行结果如图 10.12 所示。

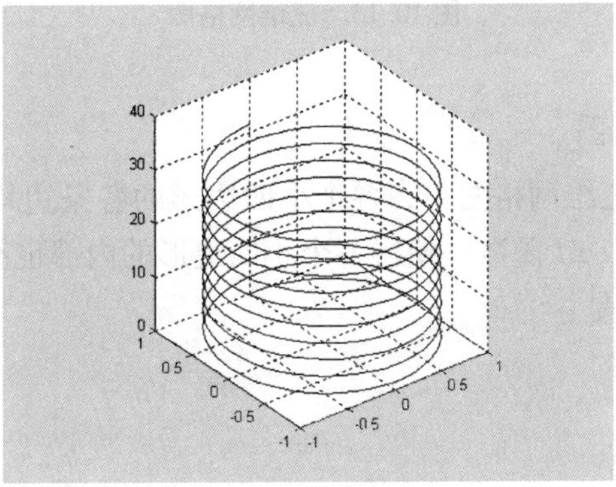

图 10.12　三维曲线图

10.2.2　三维网格图

函数 mesh 可以绘制三维网格图，它所形成的网格状表面由 $x-y$ 平面上的矩形栅格及相应的 z 坐标构成，相邻点之间用直线连接。它对显示大型数据矩阵或具有双变量的函数很有用处。

绘制三维网格图必须先用函数 meshgrid 来生成 $x-y$ 平面上的矩形栅格。

例 10　绘制函数 $z=\sqrt{x^2+y^2}$ 在以 $x-y$ 平面上的原点为中心、边长为 16 的矩形区域上的图形。

```
>> [x, y] =meshgrid ( -8: 0.5: 8);
>> z=sqrt (x.^2+y.^2);
>> mesh (z)
```

绘制的三维网格图如图 10.13 所示。

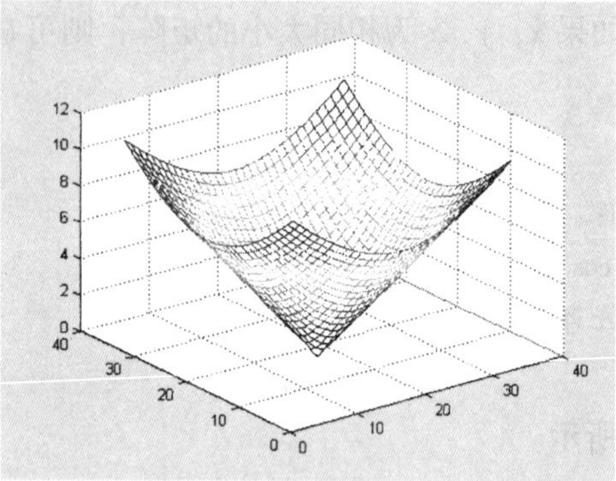

图 10.13　三维网格图

10.2.3　三维曲面图

在函数 mesh 绘制的三维网格图中，各个小四边形的各条边均以某种颜色绘制，但其内部却无颜色。可以使用 surf 函数，使得各个小四边形的内部也有颜色，从而形成三维曲面。函数 surf 的调用格式是：

```
surf (x, y, z)
```

例 11

```
>> [x, y] =meshgrid (-8: 0.5: 8);
>> z=sqrt (x.^2+y.^2);
>> surf (x, y, z)
>> colorbar
```

绘制的三维曲面图如图 10.14 所示。其中命令 colorbar 的作用是在三维曲面图旁边绘制一个可以指示高度的彩色条，使三维曲面的可读性更强。

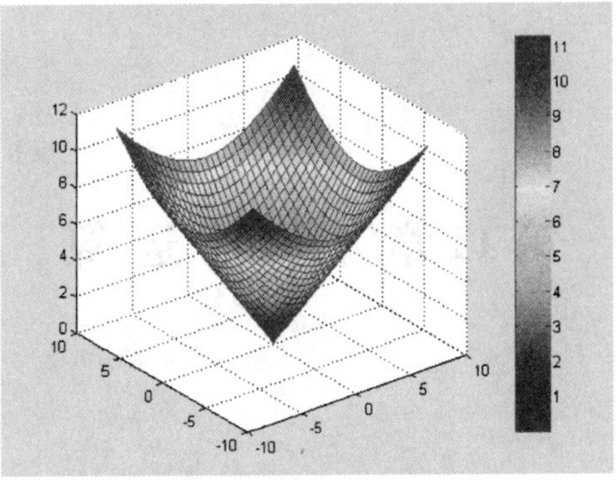

图 10.14 三维曲面图

习题十

1. 在同一坐标系下绘制 t^2，$-t^2$，$t^2\sin t$ 在 $t\in[0, 2\pi]$ 内的曲线图。
2. 用图解的方式找到下面两个方程构成的联立方程的近似解：
$$x^2 + y^2 = 3xy^2,\quad x^3 - x^2 = y^2 - y$$
3. 分别以条形图、阶梯图、杆图和填充图形式绘制曲线 $y = 2\sin(x)$。
4. 在 $x\in[-1.5\pi, 1.5\pi]$，$y\in[-1.5\pi, 1.5\pi]$ 区间内，绘制 $z=\frac{\cos x\sin y}{y}$ 的完整光滑曲面。
5. 在 x，y 平面内选择一个区域，如 $x,y\in[-3,3]$，然后绘制出 $z=4xe^{-x^2-y^2}$ 的三维网面图形。
6. 用图解法求方程 $\frac{y}{1+x^2+y^2}=\sin[x+\cos(y)]$ 最靠近原点的解。

第11章 符号运算

MathWorks公司以Maple的内核为符号运算的引擎，依赖Maple已有的库（Library），开发了在MATLAB环境下实现符号运算的符号数学工具箱（Symbolic Math Toolbox）。

当MATLAB进行符号运算时，就转入Maple去计算并将结果返回到MATLAB的命令窗口。

11.1 符号表达式的建立

11.1.1 符号表达式的创建

符号表达式是代表数据、函数、算子和变量的MATLAB字符串或字符串数组，不要求变量有预先确定的值。符号方程式是含有等号的符号表达式。

符号表达式的创建主要使用两个函数：

（1）函数sym可以生成单个的符号变量和表达式。

例1 创建符号矩阵。

```
>> A = sym ('[a, b; c, d]')
A =
[ a, b]
[ c, d]
>> whos
  Name      Size        Bytes    Class

  A         2x2         312      sym object
```

例2 在函数sym中，可以通过选项把变量设置为不同的数据类型。

```
>> x = sym ('x', 'real');    % 把变量 x 设置为实数变量
>> y = sym ('y', 'real');
```

```
>> z=x+i*y;    %z 为复数的符号表达式
>> conj(z)    % 求共轭复数
ans =
x-i*y
```

（2）函数 syms 的功能比 sym 函数更为强大，它可以一次创建任意多个符号变量。它的使用格式为：

```
syms    var1    var2    var3    …
```

在上例中，变量 a、b、c 和 x 的创建可以用以下语句来完成：

```
syms    a    b    c    x
```

11.1.2 符号变量的确定

当符号表达式具有多个变量时，只有一个变量是独立变量，MATLAB 将基于以下准则选择独立变量：

（1）只对（除 i、j 以外的）单个小写英文字母进行搜索；

（2）小写字母 x 是首选符号变量；

（3）其余小写字母被选中的次序是，在英文字母中，靠近 x 的优先，如果与 x 距离相同，则 x 之后的优先。

函数 findsym 可用于查找符号变量。

例 3

```
>> syms a b alpha y x1
>> findsym(alpha+a+b)      % 不指定参数，给出表达式中所有的符号变量
ans =
a, alpha, b
>> findsym(cos(alpha)*b*x1+14*y, 2)      %查找两个符号变量
ans =
x1, y
```

11.2 符号表达式运算

11.2.1 符号表达式的基本运算

1. 化简和替换

符号表达式的化简和替换的主要函数如表 11.1 所示。

表 11.1　符号表达式化简和替换函数

函数	功　　能
collect	合并同类项
expand	表达式展开
factor	多项式因式分解
horner	将表达式转换为嵌套格式
simple	求解最简形式
simplity	对表达式进行化简
pretty	给出排版形式的输出结果
subs	替换表达式中的子表达式

例 4　函数 collect 将表达式中相同次幂的项合并，函数 expand 将表达式展开。

```
>> x = sym ('x');
>> f = (x-1) * (x-2) * (x-4);
>> collect (f)
ans =
x^3 -7 * x^2 +14 * x -8
>> expand (f)
ans =
x^3 -7 * x^2 +14 * x -8
```

例 5　simple 函数给出多种简化形式，并寻求包含最少数目字符的表达式简化形式。simplify 函数利用各种形式的代数恒等式对符号表达式进行化简。

```
>> syms x
>> f = cos (x) ^2 + sin (x) ^2;
>> simplify (f)
ans =
1
>> simple (f)
 simplify:

1
radsimp:
 cos (x) ^2 + sin (x) ^2
```

```
combine (trig):
 1
factor:
 cos (x) ^2 + sin (x) ^2
expand:
 cos (x) ^2 + sin (x) ^2
combine:
 1
convert (exp):
 (1/2 * exp (i * x)  + 1/2/exp (i * x)) ^2 - 1/4 * (exp (i * x)  - 1/exp (i * x)) ^2
convert (sincos):
 cos (x) ^2 + sin (x) ^2
convert (tan):
 (1 - tan (1/2 * x) ^2) ^2/ (1 + tan (1/2 * x) ^2) ^2 + 4 * tan (1/2 * x) ^2/ (1 + tan (1/2 * x) ^
2) ^2
collect (x):
 cos (x) ^2 + sin (x) ^2
ans =
1
```

例 6　表达式替换。

```
>> f = sym ('(x + y) ^2 + 3 * (x + y)  + 5');
>> x = 5;
>> f1 = subs (f)    % 用给定值替换表达式中的变量
f1 =
(5 + y) ^2 + 20 + 3 * y
>> f2 = subs (f, 'x + y', 's')
f2 =
( (s)) ^2 + 3 * ( (s))  + 5
>> f3 = subs (f, 'x + y', 3)
f3 =
      23
```

11.2.2　符号矩阵的运算

与数值矩阵一样，符号矩阵也有一些相应的运算，主要的运算函数如表 11.2 所示。

表 11.2　符号线性代数

函　　数	功　　能
ploy	求矩阵的特征多项式
determ	矩阵行列式的值
eig	求矩阵的特征值和特征向量
inverse	求逆矩阵
jordan	求矩阵的约当标准形
transpose	求矩阵的转置

例 7　求矩阵的特征多项式。

```
>> g = sym ('[1, 1/2; 1/3, 1/4]')    %创建符号矩阵
g =
[ 1, 1/2]
[ 1/3, 1/4]
>> poly (g)
ans =
x^2 -5/4 * x +1/12
```

例 8　求符号矩阵的特征根和特征向量。

```
>> f = sym ('[1/2, 1/4; 1/4, 1/2]')
f =
[ 1/2, 1/4]
[ 1/4, 1/2]
>> [v, e] =eig (f)    % v 特征向量, e 特征根
v =
[ 1, -1]
[ 1, 1]
e =
[ 3/4, 0]
[ 0, 1/4]
```

例 9　符号矩阵的代数运算和转置。

```
>> g = sym ('[cos (t), sin (t); -sin (t), cos (t)]')
g =
[ cos (t), sin (t)]
```

```
[ -sin (t), cos (t)]
>> symadd (g, t')       %给每个元素都加 t
ans =
[ cos (t) +t, sin (t) +t]
[ -sin (t) +t, cos (t) +t]
>> symmul (g, g)        %两个矩阵相乘
ans =
[ cos (t) ^2-sin (t) ^2, 2*cos (t) *sin (t)]
[ -2*cos (t) *sin (t), cos (t) ^2-sin (t) ^2]
>> i=symmul (g, transpose (g))       %g 乘以 g 的转置
i =
[ cos (t) ^2+sin (t) ^2,                  0]
[                  0, cos (t) ^2+sin (t) ^2]
>> simplify (i)    % g 的转置等于它的逆，因此 g 是正交阵
ans =
[ 1, 0]
[ 0, 1]
```

11.3 微积分

11.3.1 求极限

在 MATLAB 中，用函数 limit 来求表达式的极限。函数 limit 常用的格式如表 11.3 所示。

表 11.3 函数 limit 常用的调用格式

数学表达式	调用格式
$\lim\limits_{x\to 0} f(x)$	limit (f)
$\lim\limits_{x\to a} f(x)$	limit (f, x, a)
$\lim\limits_{x\to a^-} f(x)$	limit (f, x, a,'left')
$\lim\limits_{x\to a^+} f(x)$	limit (f, x, a,'right')

```
>> syms x a t h
>> limit (sin (x) /x)
ans =
1
```

```
> > limit ( (1 +2 * t/x) ^ (3 * x), x, inf)
ans =
exp (6 * t)
> > limit (1/x, x, 0, 'right')
ans =
inf
> > limit (1/x, x, 0, 'left')
ans =
- inf
> > v = [ (1 + a/x) ^x, exp ( - x)];
> >limit (v, x, inf, 'left')
ans =
[ exp (a), 0]
```

11.3.2　求微分

diff 函数是求微分最常用的函数。其常用格式如表 11.4 所示。

表 11.4　函数 diff 常用格式

调用格式	功　能
diff (f)	求 f 对独立变量的一阶微分
diff (f, t)	求 f 对符号变量 t 的一阶微分
diff (f, n)	求 f 对独立变量的 n 阶微分
diff (f, t, n)	求 f 对符号变量 t 的 n 阶微分

```
> > syms a x
> > f = sin (a * x);
> > df = diff (f)
df =
cos (a * x) * a
> > dfa = diff (f, a)
dfa =
cos (a * x) * x
> > diff (f, a, 2)
ans =
```

```
-sin (a*x) *x^2
```

11.3.3 求积分

int 函数是求积分最常用的函数。其常用格式如表 11.5 所示。

表 11.5 函数 int 常用格式

调用格式	功 能
int (f, t)	求符号变量 t 的不定积分
int (f, t, a, b)	求符号变量 t 的定积分，其中 a 和 b 为数值
int (f, t, m, n)	求符号变量 t 的定积分，其中 m 和 n 为符号变量

```
>> f=sym ('cos (x) ')
f =
cos (x)
>> int (f)
ans =
sin (x)
>> int (f, 0, pi/3)
ans =
1/2*3^ (1/2)
>> int (f, 'a', 'b')
ans =
sin (b) -sin (a)
```

11.4 方程求解

11.4.1 代数方程求解

在 MATLAB 中，函数 solve 用于求解代数方程的根。其调用格式如表 11.6 所示。

表 11.6　函数 solve 调用格式

函数调用格式	功　　能
solve (s)	对一个方程的默认变量求解
solve (s, v)	对一个方程的指定变量 v 求解
solve (s1, s2, …sn)	对 n 个方程的默认变量求解
solve (s1, s2, …sn. v1, v2, …vn)	对 n 个方程的 v_1, v_2, …, v_n 变量求解
[x1, x2, …xn] = solve (s1, s2, …sn)	对默认变量求解的结果赋给 x_1, x_2, …, x_n
[x1, x2, … xn] = solve (s1, s2, … sn, v1, v2, …vn)	对 v_1, v_2, …, v_n 求解的结果赋给 x_1, x_2, …, x_n

如果表达式不是一个方程（不含等号），则在求解之前函数 solve 将表达式置成等于 0。

例 10　解二次方程的根。

```
>> syms a b c x
>> s = a * x^2 + b * x + c;
>> solve (s)
ans =
[ 1/2/a * ( -b + (b^2 -4 * a * c) ^ (1/2))]
[ 1/2/a * ( -b - (b^2 -4 * a * c) ^ (1/2))]
>> b = solve (s, b) % 解 b
b =
- (a * x^2 + c) /x
```

例 11　求解带有等号的符号方程。

```
>> f = solve ('cos (x) = sin (x)')
f =
1/4 * pi
>> t = solve ('tan (2 * x) = sin (x)')
t =
[                                       0]
[                                      pi]
[    atan (1/2 * ( -2 * 3^ (1/2)) ^ (1/2), 1/2 + 1/2 * 3^ (1/2))]
[   atan ( -1/2 * ( -2 * 3^ (1/2)) ^ (1/2), 1/2 + 1/2 * 3^ (1/2))]
[  atan (1/2 * 2^ (1/2) * 3^ (1/4) / (1/2 - 1/2 * 3^ (1/2))) + pi]
[ - atan (1/2 * 2^ (1/2) * 3^ (1/4) / (1/2 - 1/2 * 3^ (1/2))) - pi]
```

```
>> numeric (f)          %求数值解
ans =
      0.7854
>> numeric (t)
ans =
            0
      3.1416
            0 + 0.8314i
            0 - 0.8314i
      1.9455
     -1.9455
```

11.4.2　微分方程求解

函数 dsolve 用于常微分方程组的符号求解。在方程中大写字母 D 表示一次微分，D2，D3 分别表示二阶、三阶微分。符号 D2y 相当于$\frac{d^2y}{dt^2}$。函数 dsolve 把 D 后面的变量当做因变量，并默认所有这些变量对自变量 t 求导。微分方程的初始条件通过单独的方程来表示，如果在微分方程中没有给出初始条件，求解的结果将包含积分常数 C_1，C_2。

函数 dsolve 的调用格式如表 11.7 所示。

表 11.7　函数 dsolve 的调用格式

调用格式	功　能
dsolve ('eq','con','v')	求解微分方程，eq 为微分方程，con 是微分初始条件，v 为指定自由变量
dsolve ('eq1', eq2, …','con1, con2, …','v1, v2…')	求解微分方程组

例 12　求解$\frac{dy}{dx}=1+y^2$。

```
>> dsolve ('Dy=1+y^2')     % 求通解
ans =
tan (t+C1)
>> dsolve ('Dy=1+y^2','y (0) =1')     % 加初始条件
ans =
tan (t+1/4*pi)
```

11.5　符号函数的图形绘制

MATLAB 中有一个一元符号绘图函数 ezplot，能够对符号函数进行可视化表示。其基本使用格式是：

```
ezplot (f, [xmin, xmax], fig)
```

其中，f 是待绘的符号函数；[xmin，xmax] 是自变量的范围，可以缺省，缺省值为 $[-2\pi, 2\pi]$；变量 fig 是指定图形窗口。

例 13　用绘图的方法确定方程 $\tan x+\sin x=2$ 在区间 $[-2\pi, 2\pi]$ 上的全部实数解。

```
>> ezplot ('tan (x) +sin (x) -2')
>> hold on
>> w = -2 * pi: pi/2: 2 * pi;
>> plot (w, 0 * w, 'r-') % 绘制实轴
```

运行结果如图 11.1 所示。

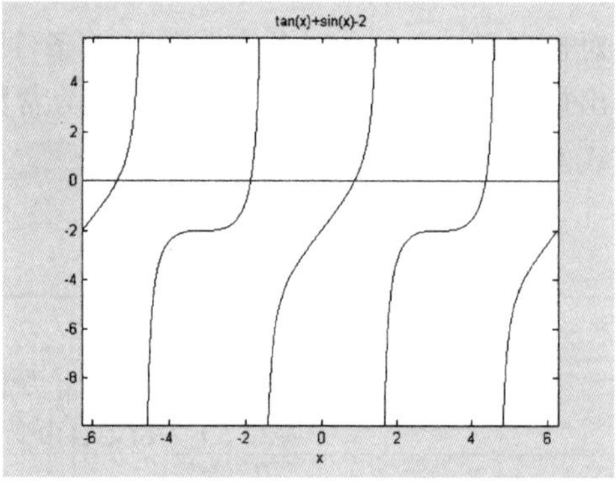

图 11.1　函数 $\tan x+\sin x=2$ 的图形

图形中的图名（title）和横坐标轴名都是自动生成的。

习题十一

1. 求解方程组：

$$\begin{cases}2x_1-3x_2+2x_4=8\\x_1+5x_2+2x_3+x_4=2\\3x_1-x_2+x_3-x_4=7\\4x_1+x_2+2x_3+2x_4=12\end{cases}。$$

2. 求解微分方程：

$$\begin{cases}\dfrac{\mathrm{d}y}{\mathrm{d}x}-z=\cos x\\\dfrac{\mathrm{d}z}{\mathrm{d}x}+y=1\end{cases}。$$

3. 求 $\sin(x^2+y^2)$ 在 $x=0, y=0$ 处展开的截断 8 阶小量的泰勒近似式。

4. 在 $[0, 2\pi]$ 区间，画出 $y(x)=\int_0^x \frac{\sin t}{t}\mathrm{d}t$ 的曲线。

5. 计算 $y(n)=\int_0^{\frac{\pi}{2}}\sin^n x\mathrm{d}x$，并求 $y(5)$。

6. 求边值问题 $\frac{\mathrm{d}f}{\mathrm{d}x}=3f+4g$，$\frac{\mathrm{d}g}{\mathrm{d}x}=-4f+3g$，$f(0)=0$，$g(0)=1$ 的解。

第 12 章　句柄图形

高级绘图命令一般是对整个图形进行操作，但在句柄图形中，所有的图形操作都是针对图形对象而言的。句柄图形是对底层图形集合的总称，它实际上是进行生成图形的工作。

12.1　句柄图形体系

图形对象是指图形系统中最基本、最底层的图元。具体地说，图形对象是指根屏幕（root screen）、图（figure）、轴（axe）、线（line）、块（patch）、面（surface）、像（image）、字（text）、用户界面控制（user interface control）和用户界面菜单（user interface menus）。MATLAB 的句柄图形体系如图 12.1 所示。

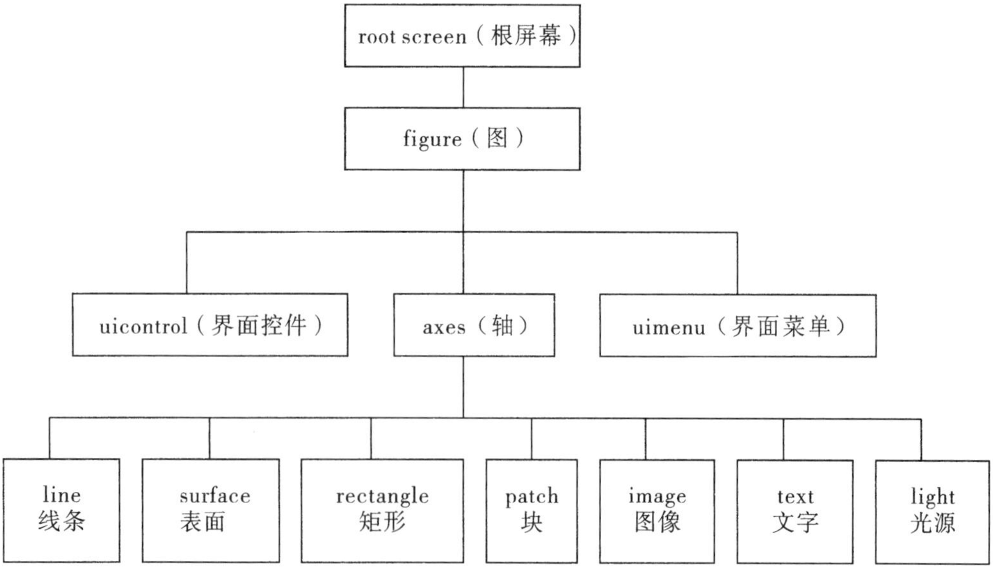

图 12.1　句柄图形体系

在图 12.1 中图形对象按父对象和子对象组成层次结构。在 MATLAB 中，每个具体的图形对象都有唯一的标识值，称为句柄。MATLAB 系统正是通过图形对象的句柄来标识、管理和操作每个图形对象的。句柄值在图形对象创建是由系统自动设定的。

根对象（即计算机屏幕）的句柄值被赋予特别的标识值 0，且保持不变。图形窗口对象的句柄值是正整数，根据图形窗口对象创建的顺序给定其值。在缺省状态下，这个正整数被显示在图形窗口的标题栏上。其他的图形对象的句柄值是一个双精度的实数。当用户使用句柄值来标识某个图形对象时，一定要保证该值的正确形。在不同的数据输出模式下，命令窗口显示的数据不一定是精确的句柄值，因此最好将要使用的句柄值传递给一个变量。

在 MATLAB 中，除根屏幕外，其他所有的对象都由与之同名的内部函数创建，每个函数都返回相应的句柄。创建图形对象的函数如表 12.1 所示。

表 12.1 创建图形对象函数

函数调用格式	功 能
H = figure（n）	创建图对象
H = uicontrol（'property1'，value1，'property2'，value2，…） Property、value 分别为属性和属性值	创建用户界面控件
H = uimenu（'property1'，value1，'property2'，value2，…）	创建用户界面菜单
H = axes（'position'，[left，bottom，width，height]）	创建轴对象
H = line（x，y，z）	绘制由向量 x、y、z 确定的曲线
H = patch（x，y，z，c）	填充多边形
H = image（x）	显示图像
H = surface（x，y，z，c）	绘制三维曲面
H = text（x，y，'string'）	标注文本

例 1 下面程序创建三个对象：一个图形、一个轴和一个面。

```
>> [x, y] =meshgrid ( [-2: 0.4: 2]);
>> z=x. *exp ( -x.^2-y.^2);
>> fh=figure ('position', [350 275 400 300], 'color', 'w');
>> ah=axes ('color', [0.8 0.8 0.8], 'xtick', [-2 -1 0 1 2], 'ytick', [-2 -1 0 1 2 ]);
>> sh=surface ('xdata', x, 'ydata', y, 'zdata', z, ...
'facecolor', get (ah, 'color') +0.1, ...
'edgecolor', 'k', 'marker', 'o', ...
```

'markerfacecolor', [0.5 1 0.85]);

绘制的图形如图 12.2 所示。

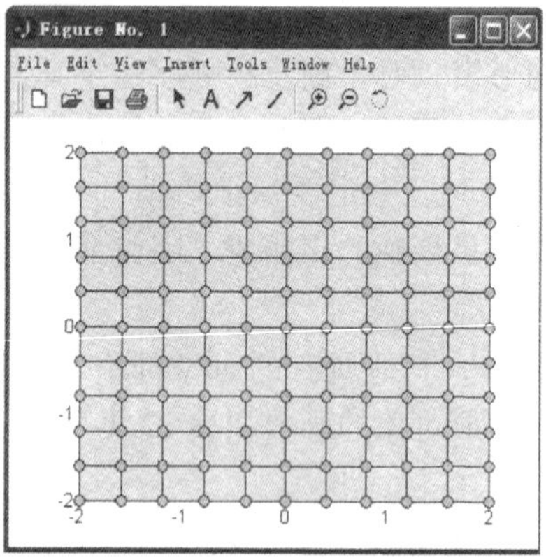

图 12.2　图形对象的创建

12.2　图形对象句柄的获取

MATLAB 提供了一些关于图形对象句柄操作的函数。它们即可赋值给某变量以供后用，也可直接作为其他函数的输入变量使用。主要命令如表 12.2 所示。

表 12.2　图形对象句柄获取函数

函　数	功　能
gcf	获取当前图形窗口的句柄
gca	获取当前轴的句柄
gco	获取被鼠标最近单击对象的句柄
delete	删除句柄对应的对象 例：delete (gca) 将删除当前坐标系及其所有的子对象
findobj	查找具有某种属性的图形对象

例 2　下面程序将绘制如图 12.3 所示的图形。为了改变图形中文本对象"cos (x) =0.707"的字体大小，用函数 findobj 查找所有满足 sting 属性为"cos (x) =0.707 \rightarrow"的对象，再对找到的对象修改 fontsize 属性值。

```
>> x = -pi: 0.02*pi: pi;
>>plot (x, cos (x))
>>xlabel ('x = -\pi to \pi', 'fontsize', 16)
>>ylabel ('cos (x) ', 'fontsize', 16)
>>title ('value of the cosine')
>>text (3*pi/4, cos (3*pi/4), '\leftarrowcos (x) = -0.707')
>>text ( -pi/2, cos ( -pi/2), '\leftarrowcos (x) =0')
>> text (pi/4, cos (pi/4), 'cos (x) =0.707\rightarrow', 'horizontalalignment', 'right')
>> text_ handle = findobj ('string', 'cos (x) =0.707\rightarrow');
>> set (text_ handle, 'fontsize', 12)
```

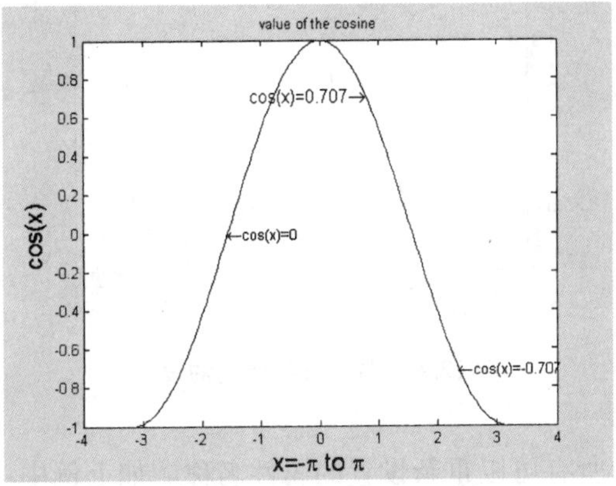

图 12.3 查找对象

12.3 图形对象属性的获取和设置

在 MATLAB 中，每种图形对象都具有一定的属性，MATLAB 正是通过对属性的操作来控制和改变图形对象的。对象的属性可以分为两类：一类是共性，包括它的类型、是否可视、编辑等；另一类是特性；即不同图形对象各自所具有的特定的属性。

MATLAB 给每种图形对象的每种属性规定了一个名字，称为属性名，而属性名的取值称为属性值。在属性名的写法上，不区分大小写。

图形对象属性的获取和设置主要用到两个函数：

(1) get 函数。用于获取指定对象的属性值。

(2) set 函数。用于设置对象的属性值。

例 3 下面程序段主要是对曲线对象属性的设定，得到如图 12.4 所示的图形。

```
>> t=0: 0.4: 2*pi;
>> y=sin (t);
>> hc=plot (t, y, '-p');
>> axis ([0, 2*pi, -2.2, 2.2])
>> yy=get (hc, 'ydata');
>> set (hc, 'markersize', 20, 'linestyle', '-.', 'color', [69 34 120] /255, 'ydata', yy*2)
      % 将数据点的标记增大，线型改为点画线，曲线 y 的纵坐标值加倍
```

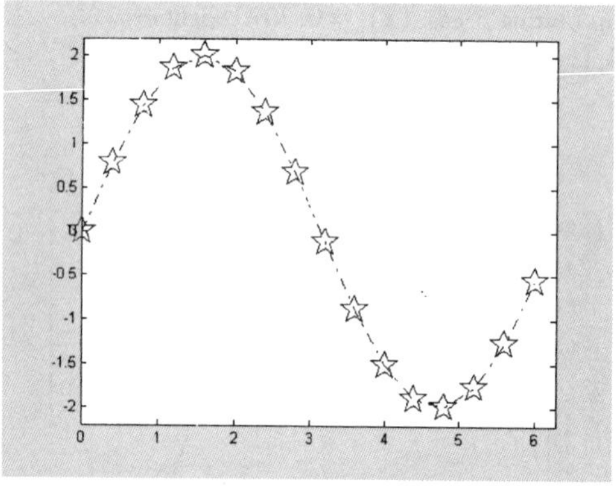

图 12.4　曲线对象属性的设置

用 set 命令可以查看所有可以重新设置的属性名称。如上例中：

```
>> set (hc)
Color
EraseMode: [ {normal} | background | xor | none ]
LineStyle: [ {-} | -- | : | -. | none ]
LineWidth
Marker: [ + | o | * | . | x | square | diamond | v | ^ | > | < | pentagram | hexagram
| {none} ]
MarkerSize
MarkerEdgeColor: [ none | {auto} ] -or- a ColorSpec.
MarkerFaceColor: [ {none} | auto ] -or- a ColorSpec.
XData
YData
ZData

ButtonDownFcn: string-or-function handle-or-cell array
```

Children

Clipping：[{on} | off]

CreateFcn：string-or-function handle-or-cell array

DeleteFcn：string-or-function handle-or-cell array

BusyAction：[{queue} | cancel]

HandleVisibility：[{on} | callback | off]

HitTest：[{on} | off]

Interruptible：[{on} | off]

Parent

Selected：[on | off]

SelectionHighlight：[{on} | off]

Tag

UIContextMenu

UserData

Visible：[{on} | off]

习题十二

1. 进行图形绘制，使得图形窗口的默认底色为橘黄色，默认的线宽为 4 个像素，并绘制图形$\frac{x^2}{16}+\frac{y^2}{9}=1$。
2. 利用底层绘图命令画 peaks 曲面，并使用底层命令分别实验高层命令 shading interp 和 shading faected 的表现效果。
3. 利用底层绘图命令绘制一条正弦曲线。要求采用实线，线色取［0.2，0.8，0.8］、线粗 3 磅，并要求写出所画正弦曲线和曲线所在轴的句柄。

第 13 章　用户界面 GUI 设计

用户界面是应用程序中很重要的一部分。对于使用程序的用户而言，界面就是应用程序，他们感觉不到正在幕后运行的代码。本章将介绍 MATLAB 中的界面编辑工具和用户界面的设计过程。

13.1　GUI 基本知识

图形用户界面（Graphical User Interface），简称 GUI，是 MATLAB 提供的方便工具。可以利用 GUI 直接进行功能按钮编排、控件属性设定、图形位置排列对齐、操作区设计等。GUI 易于将图形表现多元化，不需要一行行地用程序指令去设定，只要用鼠标选择即可。在回调（callback）处理模式下，可以用程序设计方式将各个相关的处理程序集成为一个单一的处理系统。

进入 GUI 的方法是在命令窗口中输入命令：

```
>> guide
```

即可以进入可视化界面环境，如图 13.1 所示。

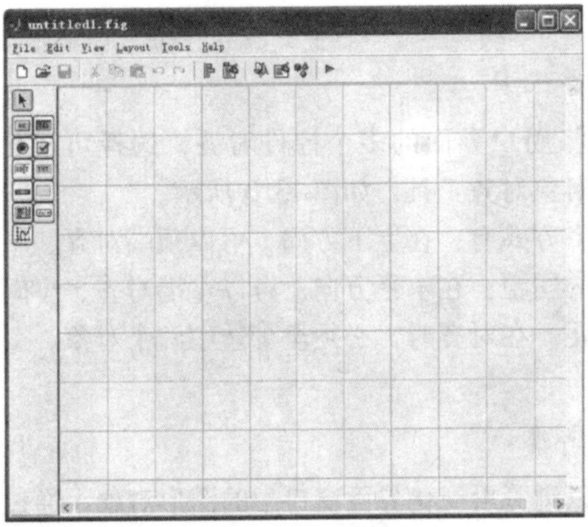

图 13.1 可视化界面窗口

MATLAB 提供的用户界面编辑工具包括：属性编辑器、对象对齐工具、对象浏览器、菜单编辑器、图形对象面板。

13.1.1 属性编辑器

利用属性编辑器可以很容易的设定任何一个对象的属性值。

通过可视化界面窗口的菜单 view-property inspector，打开属性编辑器，如图 13.2 所示。

图 13.2 属性编辑器

13.1.2　对象对齐工具

对象对齐工具用于将用户界面的多个控件对齐，选择可视化界面窗口的菜单 tools-align objects…可以打开对象对齐工具，如图 13.3 所示。

对齐工具提供的对齐方式有：在上下方向，可以顶端对齐、中间对齐、底端对齐、两端分散对齐和设置指定的间距；在水平方向，可以左端对齐、中间对齐、右端对齐、左右分布对齐和设置指定间距。在对齐时，必须至少选中两个对象。

13.1.3　对象浏览器

通过对象浏览器可以浏览可视化界面窗口中的图形对象。通过可视化界面窗口的菜单 view－object browers，可以打开对象浏览器，如图 13.4 所示。

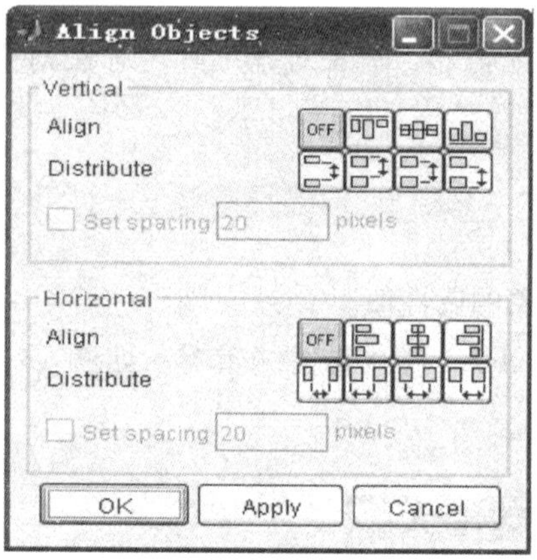

图 13.3　对象对齐工具

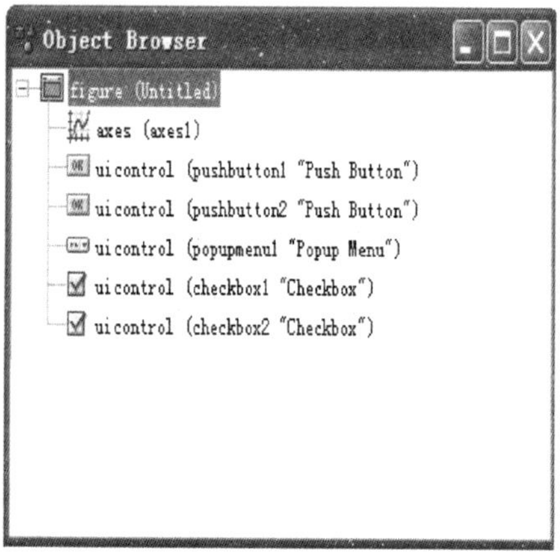

图 13.4　对象浏览器

13.1.4　菜单编辑器

菜单编辑器用来在图形上方添加除原有的基本菜单（file，edit，options，tools）以外的用户自定义的菜单。在可视化界面窗口选择菜单 tools-menu editor，可以打开菜单编辑器，如图 13.5 所示。

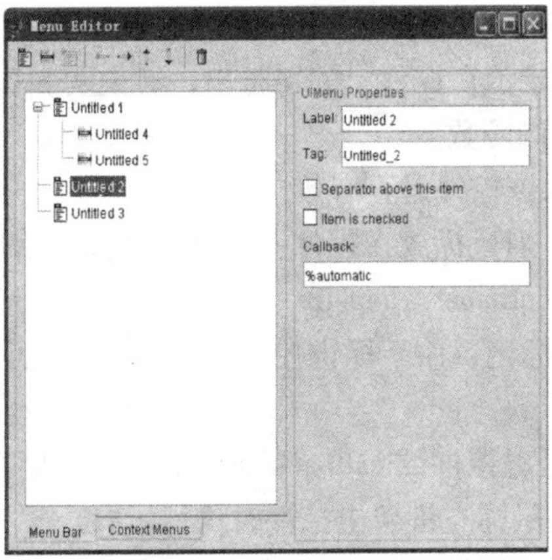

图 13.5　菜单编辑器

13.1.5　图形对象面板

在图 13.1 可视化界面窗口的图形对象面板有各种控件。

1．控件

控件是界面一个重要的组成部分，具体的控件如表 13.1 所示。

表 13.1　图形对象面板中的控件

控件名	功　能
Pushbutton 按钮	执行某种特定功能或操作
Togglebutton 切换按钮	单击时会凹凸状态切换
Radiobutton 单选按钮	多个单选按钮互斥，一组中只有一个被选中
Checkbox 复选框	可在一组状态中做组合式的选择
Edittext 文本框	可以随意输入和编辑单行和多行文字
Statictext 静态文本框	显示文本信息，不接受输入
Slider 滚动条	在指定的范围内选择一个输入值
Frame 框架	将一组控件围在框架中，用于装饰界面
Listbox 列表框	显示下拉文字列表，可以从列表中选择一项或多项
Propupmenu 弹出式菜单	相当于文本框和列表框的组合
Axes 坐标轴	用户绘制坐标轴

创建控件后，需要对控件的各种属性进行设置，大部分控件都具有如下属性：

（1）string 属性：用于显示在控件上的字符串，有说明和提示的作用。

（2）callback 属性：回调函数。

（3）enable 属性：表示该控件是否有效。

（4）tooltipstring 属性：当鼠标放在控件上时显示的提示信息。

（5）字体属性：包括 fontname，fontsize 等。

（6）tag 属性：控件的标记，用于标识控件。

2. 回调函数

实现 GUI 的基本机制是对控件的 callback 属性编程。主要有以下 4 个回调函数：

（1）buttondownfcn：当鼠标左键单击控件时执行。

（2）callback：与控件相关的标准回调函数，实现的功能因控件不同而不同。

（3）creatfcn：当创建对象时执行。

（4）deletefcn：当删除对象之前执行。

习题十三

1. 利用 GUI 实现下列功能：用鼠标左键在图形窗口上取 5 个点，在每个点的位置处写出一个字符串来显示鼠标点的横坐标值，然后将这些点连成折线。
2. 使用输入对话框输入一个正弦信号的幅值和相角，默认值为 1 和 0；使用帮助框显示幅值的范围应大于 0，使用提问框询问是否确认；使用消息框重新显示输入的幅值和相角值，并绘制在 $0 \sim 2\pi$ 范围内的正弦波形。
3. 创建一个用户界面，有坐标轴、静态文本框和 4 个按钮。4 个按钮分别显示条形图、实心图、阶梯图和直方图，单击不同的按钮，则在坐标轴出现不同的曲线。

第四部分

Maple 篇

第 14 章　Maple 语言概述

Maple 是功能强大的符号处理和数值分析工具，它是一种计算机代数系统，主要应用于符号数学运算。由于其符号处理功能强大，Maple 已经成为理论分析的强有力的工具。

14.1　Maple 的功能

Maple 提供了十分丰富的命令函数，可以解决各类数学问题。综合起来 Maple 的功能主要有以下几个方面：

1. 数值计算能力

```
> 8*3^5-1;
```

1943

输入表达式后，再输入“;”，表示一个命令的结束，再按 Enter 键，执行该命令；也可用“:”作为命令的结束，但运算结果不会显示出来，只是将计算结果保存起来。如果表达式后不以“;”或“:”结束，则系统提示出错。

```
> a:=12;
```

a = 12

```
> b:=3:
> c:=a+b
Warning, inserted missing semicolon at end of statement, c:=a+b;
```

c:=15

其中“:=”是赋值运算符。在同一行中可以同时输入多个表达式，表达式之间用“;”或“:”隔开，也可用“,”分隔，但不能用空格键作为分隔符。

```
> 2*3; 2/5: 2^3;
```

6

8

2. 符号计算能力

Maple 最显著的特点之一是具有超强的符号处理能力。Maple 进行符号运算时，与其他的编程语言有一个很大的不同之处，就是在 Maple 中不需要声明变量的类型，甚至在使用之前不需要对它进行初始化。

例 1　求一元二次方程的解。

```
> eq: =a*x^2+b*x+c=0: solve ({eq}, x);
```

$$\left\{x = \frac{-b+\sqrt{b^2-4ac}}{2a}\right\}, \left\{x = \frac{-b-\sqrt{b^2-4ac}}{2a}\right\}$$

3. 数据可视化能力

Maple 提供了包括二维和三维数据可视化、图像处理、动画制作、积分近似和微分方程求解等多方面的绘图命令。

例 2　绘制 $\sin x$ 在区间 [-10, 10] 内的二维图形（图 14.1）。

```
> plot (sin (x), x=-10..10);
```

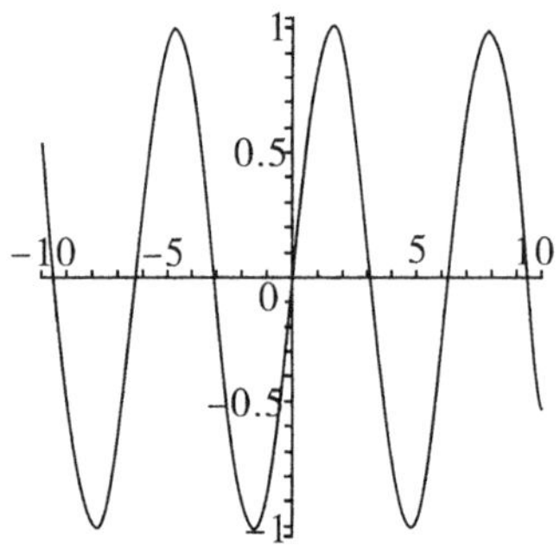

图 14.1

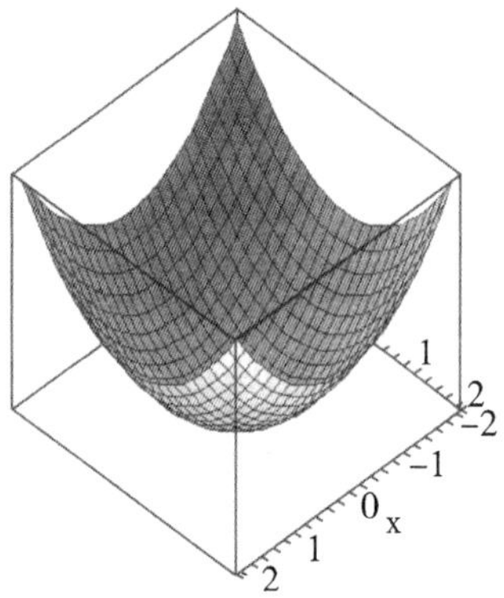

图 14.2

例 3　绘制 x^2+y^2 在 $x\in[-2, 2]$，$y\in[-2, 2]$ 的图形（图 14.2）。

```
> plot3d (x^2+y^2, x=-2..2, y=-2..2, axes=boxed);
```

上面命令中 axes = boxed 选项，是将输出的图像包含在矩形体内，矩形体表明图像所处的三维坐标系。

14.2 Maple 的运行界面

14.2.1 Maple 的工作方式

1. 交互式操作方式

交互式操作方式即命令执行方式。只需记住函数的格式与功能，在系统提示符“ >”后发出一条或一组所需的命令（函数），即可在屏幕上显示执行的结果。

2. 程序执行方式

Maple 的交互式操作方式操作简便，执行速度快，功能强大，可以解决各种实际问题。但数据结构复杂、算法繁琐的问题不宜用 Maple 来解决，则采用程序执行的方式。

14.2.2 Maple 的系统集成界面

Maple 的运行界面与大多数的 Windows 应用程序一样，包括菜单栏、工具栏、状态栏等。在界面的中央有一个空白的区域，它是用来输入命令、表达式和输出计算结果的工作表。如图 14.3 所示。

图 14.3 Maple 运行界面

Maple 的工作表由许多可执行块组成。执行块是 Maple 工作环境中基本计算元素，它的主要功能是把一个或多个命令组成一个可以重复执行的工作包。可执行块的左边是一个大的方括号“ [”和一个命令提示符“ >”。

Maple 的工具栏由若干工具按钮组成，每个按钮对应特定的功能。Maple 的工具栏除了通用工具栏外都是动态的，它随选取对象的不同而显示不同的工具栏。

Maple 提供了很好的帮助工具。使用命令“? topic”或 help（'topic'），也能够得到有关某一个主题的帮助信息。其中 topic 代表所关心的主题或主题的前几个字母。输入“? abs”或 help（'abs'）可以直接打开标题栏为 abs 的帮助页。

14.2.3　系统参数设置

通过“Tools”菜单的子菜单“options...”打开参数设置对话框，如图 14.4 所示。

（1）在 General 标签页中，Brower 选项组用来为 Maple 指定浏览器。AutoSave 选项组用来设置自动保存的时间间隔，这样 Maple 会间隔固定的时间保存当前工作表中全部的结果。

Kernel Mode 选项组用来设置 Maple 内核的使用方式，有 Shared（共享）、Parallel（并行）和 Mixed（混合）三种模式。

Export 选项主要用来设置输出的版面属性。

（2）I/O Display 标签页用来设置输入输出的显示模式，如图 14.5 所示。其中 Input Display（输入显示模式）有 Maple Notation（Maple 模式）和 Standard Math Notation（标准数学模式）两种模式。

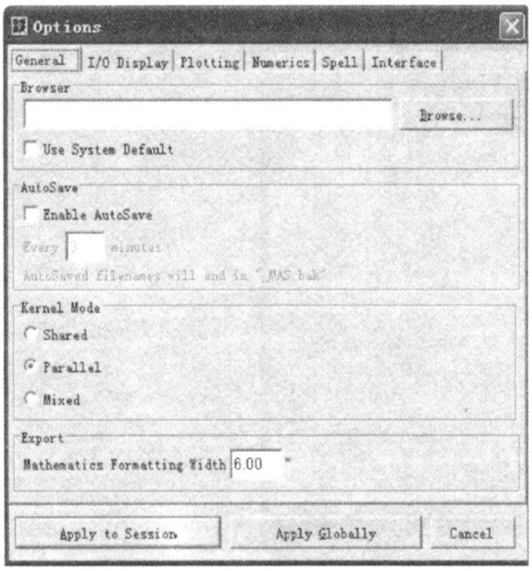

图 14.4　参数设置对话框

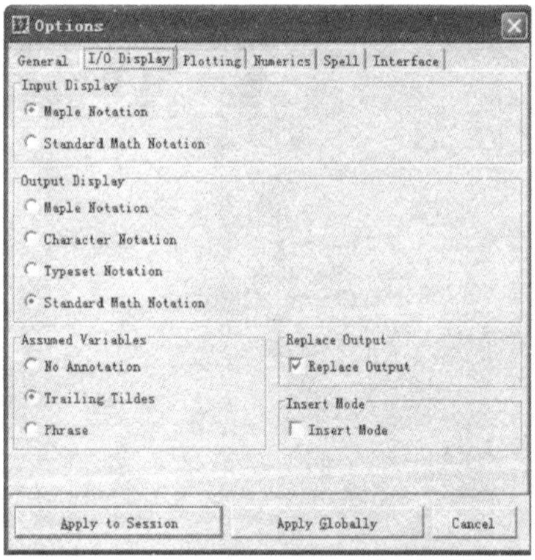

图 14.5　I/O Display 标签页

Output Display（输出显示模式）有 Maple Notation（Maple 模式）、Character Notation（字符模式）、Typeset Notation（排版模式）和 Standard Math Notation（标准数学模式）四种模式。

在 Maple 中，用“#”表示注释部分的开始。Maple 将忽略命令输入过程中的“#”号及同行中“#”号后的内容。

Assumed Variables（变量模式）有 No Annotation（无注释模式）、Trailing Tildes（尾部带~标志模式）和 Phrase（尾部带短语模式）三种模式。

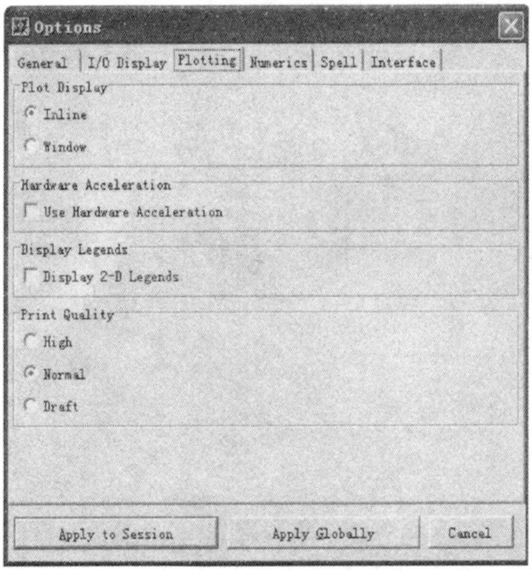

图 14.6 Plotting 标签页

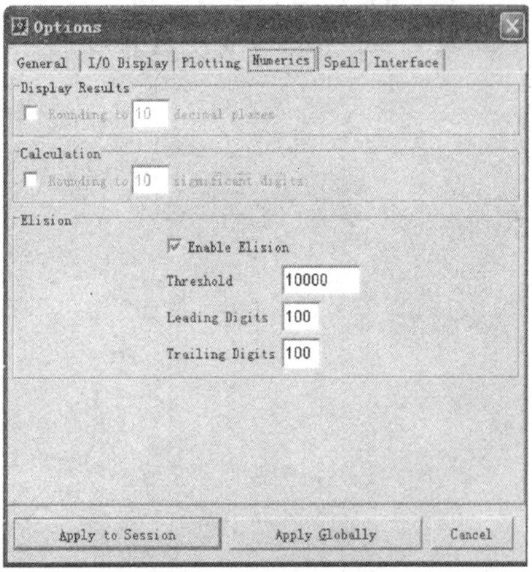

图 14.7 Numerics 标签页

（3）Plotting 标签页用来设置图形和打印参数，如图 14.6 所示。Plot Display（图形显示）用于指定图形的输出目的地，Inline 表示图形结果将显示在光标当前位置之后，Window 表示图形结果将输出到新的窗口中。

（4）Numerics 标签页用来设置数值小数点后的位数。其中 Display Results 用来设置结果的小数点后的位数，Calculation 用来设置计算时的精度，Elision 用来设置对数值表示的截断。如图 14.7 所示。

（5）Spell 标签页用来设置单词库，用于检查拼写正确与否 Interface 标签页用来进行界面的外观设置。

习题十四

1. 熟悉 MAPLE 的运行环境。
2. 以下列积分恒等式

$$\int x^2\sin(x)^2\mathrm{d}x = x^2\left(-\frac{1}{2}\cos(x)\sin(x)+\frac{1}{2}x\right)-\frac{1}{2}x\cos(x)^2+\frac{1}{4}\cos(x)\sin(x)+\frac{1}{4}x-\frac{1}{3}x^3$$

为例，依次给出 Maple Notation（Maple 模式）、Character Notation（字符模式）、Typeset Notation（排版模式）和 Standard Math Notation（标准数学模式）四种模式

下不同的输出形式。

3. 输入 plot3d (sin (x * y), x = -10..10, y = -10..10) 命令绘制函数 sin (xy) 的三维曲面图，熟悉相应的绘图工具栏。

4. 计算 π，使其保留小数点后 50 位小数。

第 15 章　Maple 基础知识

Maple 的基本作用元素是变量和表达式。表达式包括所有的命令或函数的作用对象，变量是用来代表表达式的标识符。数据类型是和表达式密切相关的，不同的表达式都有各自对应的类型。

函数是基本的数学概念之一。Maple 提供了 3000 多个系统函数，这些系统函数是 Maple 实现符号分析、数值计算和图像处理的基本工具。同时，用户也可以定义自己需要的函数，以实现特定的运算或其他功能。

15.1　Maple 的数据类型

Maple 的数据类型，除了一些简单的数值类型，如整数、分数、浮点数、复数、字符外，还有一些复杂数据结构，如列表、集合、表、数组、矩阵和向量等。

15.1.1　简单数值类型

Maple 的简单数值类型包括整数、分数、浮点数和复数。Maple 允许使用分数，一般把“/”作为分数线。Maple 可以计算出任意大小、任意精度的数值，默认显示小数点后的 10 位有效数字。

例 1

```
> 1/2 +3/4; evalf (%);
```

$$\frac{5}{4}$$

$$1.2500000000$$

其中 evalf 函数用来求表达式的浮点整数值，简化分数来表示一个有理数。“%”是重复号，表示前一次的表达式，“%%”则表示上上次的表达式，“%%%”表示“%%”的前一次的表达式。

在使用指数形式的表达式时，要注意指数要紧跟在“E”或“e”的后面，如果分开，系统会认为是在执行加减运算。

例 2

```
> 8e +3; 8e  +3;
```

8000.

11.

如果在输入过程中句法不正确，则 Maple 会报告句法出错，并且光标指向句法出错的位置。例如：输入两个相连的负号是非法的。

```
> - | -1;
Error, `-`unexpected
```

在 Maple 中复数单位用 I 表示。函数 Re、Im、conjugate、argument 分别求复数的实部、虚部、共轭复数和幅角。

例 3

```
> x: =3 +5 * I; Re (x), Im (x), conjugate (x), argument (x);
```

x： =3 +5I

$3,\ 5,\ 3-5I,\ \mathrm{arcta}\left(\frac{5}{3}\right)$

运用函数 evalc 可以求复数表达式的值。

例 4

```
> x1: =a +b * I; x2: =c +d * I; x1 +x2;
```

x1： =a + Ib

x2： =c + Id

a + Ib + c + Id

```
> evalc (x1 +x2); evalc (x1 * x2);
```

a + c + I (b + d)

ac - bd + I (ad + bc)

在 Maple 中可以利用函数 whattype 和 type 来分析符号常量的类型和数据结构。

例 5

```
> x: =3 +5 * I; whattype (x);
```

x： =3 +5I

complex

```
> str1: =" second man"; # 定义字符串常量
```

strl： =" second man"

```
> whattype (str1); type (Pi, constant); # 判别 Pi 是否是系统常量
                                string
                                 true
```

15.1.2　集合

与数学中集合的表示方式一样，用一对花括号 {} 来定义集合，集合中元素用“,”隔开。在 Maple 中定义的集合具有相异性和内在顺序的特点。Maple 将自动删除集合中重复的元素，并按照一定的顺序存储，一般是先数字，后符号。

例 6

```
> s1: = {1, a1, 2, b3, c}; s2: = {x, z, y, x, y};
                         s1: = {1, 2, a1, c, b3}
                            s2: = {x, z, y}
> whattype (s1);
                                  set
```

集合中元素的访问可以用“ [ ]”或 op 函数。

例 7

```
> s1 [3]; s1 [2..4];
                                  a1
                              {2, a1, c}
> op (2, s2); op (2..3, s2);
                                   z
                                  z, y
```

注意：其中“2..4”是范围表达式，在数字范围表达式中，以左边界为基数，当左边界小于右边界时，对应的增量为 1，反之为 -1，由此构成了一个数列。

可用函数 evalb 判别两个集合是否相等。

例 8

```
> evalb (s1 = s2);
                                 false
```

集合的交、并、差运算分别用 intersect、union、minus 操作符。

例 9

```
> A: = {x1, x2, a, 2}; B: = {x2, x1, 2, a}; C: = {x2, x1, 1, a};
                          A: = {2, x1, x2, a}
                          B: = {2, x1, x2, a}
```

C: = {1, x1, x2, a}

```
> A intersect C; A union C; A minus C;
```

{x1, x2, a}

{1, 2, x1, x2, a}

{2}

15.1.3 列表

列表是一种常用的数据类型，可以用来表示向量、矩阵、张量等。列表与集合的区别是列表输出不要求元素互异和有序排列。列表用“[ ]”表示，元素之间用“,”隔开。

例 10

```
> s1: = [x, y, 45, 24]; s2: = [1, 2, 3, 3, 4, 4, 4];
```

s1: = {x, y, 45, 24}

s2: = {1, 2, 3, 3, 4, 4, 4}

```
> whattype (s1);
```

List

列表元素的访问可以用“[ ]”操作符或 op 函数。

例 11

```
> s1 [3]; s2 [3..5]; op (3, s1);
```

45

[3, 3, 4]

45

15.1.4 序列

序列是由逗号分隔的表达式的有序排列，其元素可以是除了表达式序列外任何的合法表达式，同一序列的运算其数据类型也可以各不相同。序列由函数 seq 来定义。

例 12

```
> a_ seq: =seq (a [i], i=3..5); seq (i^2, i=1..10);
```

a_ seq: $=a_3$, a_4, a_5

1, 4, 9, 16, 25, 36, 49, 64, 84, 100

```
> whattype (a_ seq);
```

exprseq

序列中元素的访问用“[ ]”操作符。

例 13

```
> a_ seq [2];
```

$$a_4$$

15.1.5　数据类型的转换

可以利用 convert 函数实现不同数据类型之间的转换。

例 14

```
> convert ([1, 2, 3, 4], `+`); f: = seq (x [i] ^i, i=1..4);
```

$$10$$

$$f := x_1, x_2^2, x_3^3, x_4^4$$

```
> convert ([f], `*`); convert (1.23456, fraction);
```

$$x_1 \ x_2^2 \ x_3^3 \ x_4^4$$

$$\frac{3858}{3125}$$

集合、序列、列表也可以相互转换。

例 15

```
> s1: = {2, x, 5, y}; s2: =convert (s1, list);
```

s1: = {2, 5, x, y}

s2: = [2, 5, x, y]

```
> whattype (s2); whattype (s1);
```

List

set

```
> b: = [s, 5, 2, e]; b1: =convert (b, set);
```

b: = [s, 5, 2, e]

b1: = {2, 5, s, e}

```
> whattype (b); whattype (b1);
```

List

set

15.2　变量和表达式

15.2.1　变量

其值可以改变的量称为变量。变量名以字母开头，后面由字母、数字或下画线组成。

系统的函数名、常量以及一些保留字不能作为变量名使用。Maple 是有区分大小写的，如 x1、X1 表示不同的变量名。

Maple 的变量在使用前既不需要定义其类型，也不要求变量有初值和具体的值。

```
> eq: =a*x^2+b*x+c; z: =x+y;
```

$$eq := ax^2 + bx + c$$

$$z := x + y$$

可以通过函数 assume 和 additionally 对变量进行假设。assume 函数只能将变量的值做唯一的限定，而 additionally 函数可以为变量做多条限定。

```
> (-1)^x;
```

$$(-1)^x$$

```
> assume (x, odd);
> x1: = (-1)^x;
x1 = (-1)^x~
> simplify (%); #对于整数的运算常借助 simplify 函数化简
```

$$-1$$

```
> assume (x, even);
> x2: = (-1)^x; simplify (x2);
```

$$x2 := (-1)^{x\sim}$$

$$1$$

变量 x 被赋予了假设条件后，以 x~显示，表明它已被用户假定。

如果要释放当前所使用的所有变量名、标识符，可以使用命令 restart，使整个工作空间恢复到 Maple 刚启动时的状态，因此所有的标识符都将成为无值标识符。

例 16

```
> x: =2/3^5; x;
```

$$x := \frac{2}{243}$$

$$\frac{2}{243}$$

```
> restart;
> x;
```

$$x$$

在工作空间中对变量赋值后，Maple 把变量的值存储在系统的缓存中，因而对整个工作空间中的任一工作表都是有效的。当变量不再使用或者需要代表其他的未知数时，需要清除当前变量所代表的意义。变量释放有两种方式：

（1）用''号。

```
> b：=x；b+1；
```

$$b := x$$

$$x+1$$

```
> b：=b'；b^3+2*b+6；
```

$$b := b$$

$$b^3+2b+6$$

（2）利用函数 evaln。

```
> a：=2；
```

$$a := 2$$

```
> a：=evaln（a）；
```

$$a := a$$

15.2.2　表达式

表达式是由数值、函数、四则运算和运算符组成的式子，表达式主要由算术表达式、关系表达式、逻辑表达式、范围表达式等组成。

Maple 提供了表达式不同处理和显示方式，其中包括二项式展开、因式分解等。例如，对表达式展开和因式分解。

```
> expr：=（x+y）^5；
```

$$expr := (x+y)^5$$

```
> expand（expr）；
```

$$x^5+5yx^4+10x^3y^2+10x^2y^3+5xy^4+y^5$$

```
> factor（%）；
```

$(x+y)^5$

例 17　对三角函数表达式 $\cos(x)^5+\sin(x)^4+2\cos(x)^2-2\sin(x)^2-\cos(x)$ 进行化简。

```
> simplify（cos（x）^5+sin（x）^4+2*cos（x）^2-2*sin（x）^2-cos（2*x））；
```

$$\cos(x)^4(\cos(x)+1)$$

例 18　使用函数 normal 对有理式 $\dfrac{x^3-y^3}{x^2+x-y-y^2}$ 进行化简。

```
> normal（（x^3-y^3）/（x^2+x-y-y^2））；
```

$$\frac{x^2+xy+y^2}{x+1+y}$$

在 Maple 中，一个简单的条件可以由关系表达式来表示。如果指定的是一个由几个简单的条件组成的复合条件，例如 $x>-2$ 和 $x<5$，在数学上可以表示为 $-2<x<5$，但在 Maple 中必须写成两个关系式然后由一个逻辑运算符把他们连接起来。例如：

```
> 5 >2 and 9 >5; not 4 >2; 3 <5 or 6 >2;
                                true
                                false
                                true
```

利用函数 subs 可以进行表达式中变量的替换。

例 19

```
> eq: =x^2 +2 * x +1; subs (x =y, eq); eq;
```

$$eq:=x^2+2x+1$$

$$y^2+2y+1$$

$$x^2+2x+1$$

上例中，表达式中的变量替换为 y，subs 函数返回的是变量代换以后的结果，并不改变原来表达式。如果将表达式中的变量代换为一个数值，则 Maple 只是简单地将数值代进表达式中，并不会进行计算，若要求表达式的值，需要调用函数 eval。

例 20

```
> subs (x =0, sin (x) +ln (x +1) +1);
                    sin (0) +ln (1) +1
> eval (%);
                            1
```

15.3　函数

Maple 的函数可以分为内部函数和外部函数两大类。内部函数是指 Maple 启动后自动加载的函数，这些函数对大多数用户来说都是必须的，包括常用的命令、数学函数等；外部函数是在使用之前需要手动加载的函数，这些函数或命令是不常使用的。手动加载函数需要调用函数 with。例如：with (linalg)，程序包 linalg 提供了大量有关向量运算的函数。

15.3.1　函数定义的基本知识

定义函数有多种形式，主要有下列两种方式：

（1）使用箭头操作符“ - >”。

例如：下面定义一个一元函数

```
> f: =x - >2 * x +4;
```

$$f:=x \to 2x+4$$

函数的调用形式和数学上函数的调用格式相同。

例 21

```
> f (2), f ( -5);
```

$$8,\ -6$$

同样可以定义多元函数，但多变量序列必须放在小括号内。

例 22 定义一个二元函数。

```
> g: = (x, y) - >x^3 -3 * x * y^2; g (1, 0), g (2, 0.5);
```

$$g:=(x,y)\to x^3-3xy^2$$

$$1,\ 6.50$$

可以在定义函数的同时，声明各自变量的数据类型。类型声明的格式为：parameter::type.

例 23 下面的函数定义中，声明自变量的数据类型为偶数，因此当给出的实际参数为 3 时，Maple 给出出错信息。

```
> f: = (x:: even) - > (x/2)! /x!; f (4);
```

$$f:=x.:\text{even}\to\frac{\left(\frac{1}{2}x\right)!}{x!}$$

$$\frac{1}{12}$$

```
> f (3);
Error, invalid input: f expects its 1st argument, x, to be of type even, but received 3
```

（2）通过过程定义函数。

对于更为复杂的函数，通常利用过程来定义。其格式一般为：

<函数名>: =proc (<自变量>) <表达式> end proc;

通过过程定义函数，同样可以声明各个自变量的数据类型。

例 24

```
> f: =proc (x, y, z)
x^2 - y + z^2;
end proc;
```

f: =proc (x, y, z) x^2 - y + z^2end proc

注：在定义过程输入中，按 Shift + Enter 进行换行。

> f (2, 3, 5); f (a, b+3, c^2);

26

$a^2 - b - 3 + c^4$

15.3.2 分段函数

在 Maple 中调用 piecewise 函数来定义分段函数。其调用形式为：

piecewise (cond_ 1, f_ 1, cond_ 2, f_ 2, …, cond_ n, f_ n, f_ otherwise);

其中 cond_ i 代表分段的条件，f_ i 是在第 i 种条件下函数的定义式。用 piecewise 定义分段函数时，输出的结果仍用函数 piecewise 表示，可以用 simplify 函数对其来进行化简。

例 25

> f: =x - >piecewise (x<0, x^2, x> =0 and x<5, x, x> =5, 5); simplify (f (x));
simplify (f (x));

f: =x→piecewise (x<0, x^2, 0≤x and x<5, x, x, 5≤x, 5)

$$\begin{cases} x^2 & x<0 \\ x & x<5 \\ 5 & 5\leq x \end{cases}$$

> plot (f (x), x = -3..7); #函数 plot 对上面的分段函数进行图形的绘制（图 15.1）。

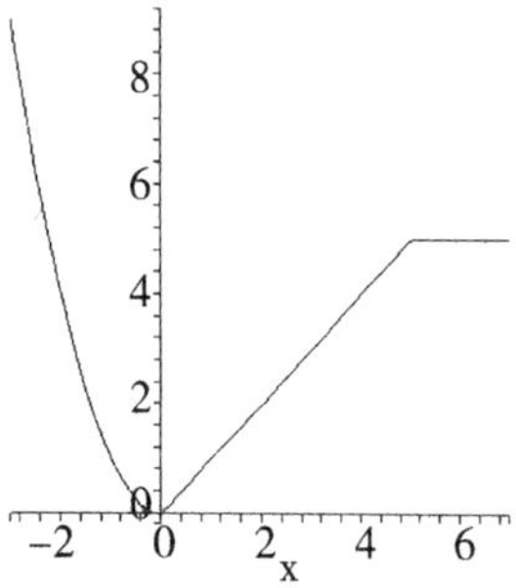

图 15.1

15.3.3 复合函数

复合函数的特征是一个函数的输出是另一个函数的输入。为了方便复合函数的运算，

Maple 提供了@ 和@ @ 两个复合函数运算符。这两个复合函数运算符的基本格式为：

（1）（f1@ f2@ f3@ ... @ fn）（x）：用来计算复合函数 f_1（f_2...（f_n（x）））。

（2）（f@ @ n）（x）：用来计算函数 f（x）的 n 次自身复合函数 f（$f \cdots f$（x））。

例 26

```
> f: =x->x^2+x; g: =x->x^3-1;
```

$$f := x \to x^2 + x$$

$$g := x \to x^3 - 1$$

```
> (f@g)(x);
```

$$(x^3-1)^2 + x^3 - 1$$

```
> (sin@@6)(x);
```

$$\sin^{(6)}(x)$$

```
> (sin@@6)(Pi/6);
```

$$\sin^{(5)}\left(\frac{1}{2}\right)$$

15.4 过程

15.4.1 过程的定义

过程定义的格式如下：

```
proc (p)
    Local   L;
    Global  G;
    Options  O;
    Description  D;
    B
end proc;
```

其中 B 是组成过程的一系列语句，P 是形式参数部分，L 是局部变量部分，G 是全局变量部分，O 是选项部分，D 是描述部分，这几部分都是可选项。

例 27

```
> f: =proc (x, y)
x*y+3;
end proc;
```

$$f := \text{proc}(x, y)\ x*y+3\ \text{end proc}$$

```
> f (3, 5);
```

18

15.4.2 过程返回值

在调用过程的过程中，Maple 会把最后一个语句的结果作为整个子程序的返回结果。

例 28

```
> f: =proc (a, b)
a + b;
a - b;
a/b;
end proc;
                    f: =proc (a, b) a + b; a - b; a/b end proc
> f (4, 2);
                                   2
```

如果需要输出所有的计算结果，则可使用输出函数 print 或使用 return 命令。

例 29

```
> f: =proc (a, b)
print (a + b);
print (a - b);
a/b;
end proc;
f: =proc (a, b) print (a + b); print (a - b); a/b end proc
> f (6, 2);
                    8
                    4
                    3
```

习题十五

1. 用 Maple 语言实现下列的分段函数：$y=f(x)=\begin{cases} h, & x>D \\ h+/Dx, & |x|\leqslant D \\ -h, & x<-D \end{cases}$。
2. 分别创建一个集合、序列、列表，并实现相互之间的类型转换。
3. 已知函数 $f(x)=x^2+3x, g(x)=x^2+x, k(x)=\mathrm{e}^x\cos(x)$，求复合函数 $f(g(x-1))$，$f(k(\pi/3))$。
4. 利用列表、数组、函数生成 1 到 15 的奇数平方、立方表。

第 16 章　向量和矩阵

矩阵和向量是高等代数中的一个重要课题，同时又是理论研究和工程应用的重要工具。Maple 中定义了矩阵和向量两种数据类型，允许用户对矩阵和向量进行常见的各种运算和操作。

16.1　向量

16.1.1　向量定义

在 Maple 中向量的定义有以下几种方式：

1. 使用 array 函数

array 函数的基本格式是：array（bounds，list）

其中 bounds 是整数范围表达式的序列，给出了向量索引的范围；list 是一个列表，是向量的各个分量。

例 1

```
> array（-1..1，[-1=a，1=" a"]）;
              ARRAY（[-1..1]，[（1） =a，（0） =?₀，（1） =" a"]）
> whattype（%）;
                              anay
> a：=array（-1..2，[3，54，x，y]）;
         a：=ARRAY（[-1..2]，[（-1） =3，（0） =54，（1） =x，（2） =y]）
```

如果向量中的元素未被赋值，则用加下标的问号表示其中未知的元素。向量中元素的访问用“[ ]”。

例 2

```
> a [1];
                              x
```

2. 使用 vector 函数

vector 函数的基本格式为：vector（n，[x1，x2，…，xk]）;
其中 n 给出了向量的长度，表达式 x1，x2，…xk 给出了部分或全部的元素值。

例 3

```
> vector (4, 7); v: =vector (4, [1]); vector (4);
[7, 7, 7, 7]
v: = [1, v2, v3, v4]
[?1,?2,?3,?4]
> whattype (%);
    array
```

16.1.2 向量运算

向量的运算主要有向量的加法、减法、数乘、数量积、向量积和混合积等。Maple 的线性代数程序包 linalg 提供了大类有关向量运算的函数，运算前需要使用 with（linalg）初始化软件包。如果要显示向量的结构或其中所有的元素，可以使用函数 eval 或者函数 op。

例 4

```
> v: =array (1..4, [4, 3, 2]); v;
                    v: = [4, 3, 2, v4]
                           v
> op (v); eval (v);
                      [4, 3, 2,?4]
                      [4, 3, 2,?4]
```

向量的加减法通过函数 evalm 来进行计算。

例 5

```
> S : = array ( [1, 2]); T : = array ( [1, 1]); `S+2T`=evalm (S+2*T);
                        S: = [1, 2]
                        T: = [1, 1]
                      S+2T = [3, 4]
```

向量的点积运算调用函数 dotprod。利用函数 norm 可以计算向量的范数。

例 6

```
> u : = vector ( [1, x, y] ); v : = vector ( [1, 0, 0] ); dotprod (u, v);
                     u: = [1, x, y]
                     v: = [1, 0, 0]
```

$$1$$

> norm (x - 3 * y, 1); norm (x - 3 * y, infinity);

$$4$$

$$3$$

16.2　矩阵

16.2.1　矩阵定义

在 Maple 中矩阵的定义有以下几种方式：

1. 用函数 array 定义

例 7

> x: = array (1..3, 1..3, [[1, 2, 3], [4, 5, 6], [7, 8, 9]]);

$$x := \begin{bmatrix} 1 & 2 & 3 \\ 4 & 5 & 6 \\ 7 & 8 & 9 \end{bmatrix}$$

> x: = array (1..3, 1..3, [[1, 2, 3], [4, 5]]);

$$x := \begin{bmatrix} 1 & 2 & 3 \\ 4 & 5 & x_{2,3} \\ x_{3,1}, & x_{3,2}, & x_{3,3} \end{bmatrix}$$

> a: = array (1..3, 1..4);

$$\begin{bmatrix} a_{1,1} & a_{1,2} & a_{1,3} & a_{1,4} \\ a_{2,1} & a_{2,2} & a_{2,3} & a_{2,4} \\ a_{3,1} & a_{3,2} & a_{3,3} & a_{3,4} \end{bmatrix}$$

> print (a);

2. 用函数 matrix 定义

> matrix ([[1, 2, 3], [4, 5, 6], [7, 8, 9]]);

$$\begin{bmatrix} 1 & 2 & 3 \\ 4 & 5 & 6 \\ 7 & 8 & 9 \end{bmatrix}$$

3. 利用矩阵模板定义

矩阵的定义和输入可以利用矩阵模板来实现。通过菜单 view-palette-matrix 可以打开矩阵模板。如图 16.1 所示。

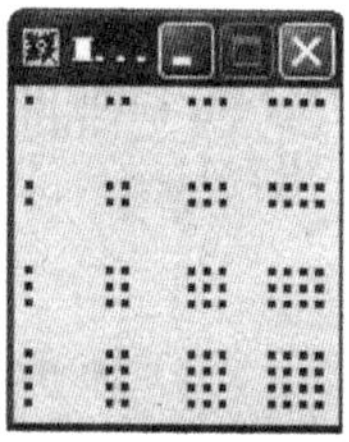

图 16.1　矩阵模板

如果要输入矩阵 x，直接将光标移到“>”后，单击矩阵模板上的按钮。

```
> x: = < <%? | %? | %? | %? >, <%? | %? | %? | %? > >;
```

然后将%？换成相应的数值

```
> x: = < <1| 2 | 3 | 4>, <5 | 6 | 7| 8> >;
```

$$x:=\begin{bmatrix}1 & 2 & 3 & 4\\ 5 & 6 & 7 & 8\end{bmatrix}$$

Maple 还提供了一些特殊的矩阵。

(1) 零矩阵。

```
> x: =array (1..3, 1..3, sparse); print (x);
```

x: =array (sparse, 1..3, 1..3, [])

$$\begin{bmatrix}0 & 0 & 0\\ 0 & 0 & 0\\ 0 & 0 & 0\end{bmatrix}$$

(2) 对称矩阵。

```
> x: =array (symmetric, 1..3, 1..3);
```

x: =anay (symmetric, 1..3, 1..3, [])

```
> x [1, 1]: =1: x [2, 1]: =4: x [3, 2]: =8: print (x);
```

$$\begin{bmatrix}1 & 4 & x_{1,3}\\ 4 & x_{2,2} & 8\\ x_{1,3} & 8 & x_{3,3}\end{bmatrix}$$

(3) 对角矩阵。

```
> a: =array (diagonal, 1..4, 1..4);
```

a: =anay (digonal, 1..4, 1..4, [])

```
> a [2, 2]: =2: a [3, 3]: =9: print (a);
```

$$\begin{bmatrix} a_{1,1} & 0 & 0 & 0 \\ 0 & 2 & 0 & 0 \\ 0 & 0 & 9 & 0 \\ 0 & 0 & 0 & a_{4,4} \end{bmatrix}$$

(4) 单位矩阵。

```
> x: =array (identity, 1..3, 1..3); print (x);
```

x: =array (identity, 1..3, 1..3 [])

$$\begin{bmatrix} 1 & 0 & 0 \\ 0 & 1 & 0 \\ 0 & 0 & 1 \end{bmatrix}$$

(5) 随机矩阵。

```
> with (linalg);
Warning, the protected names norm and trace have been redefined and unprotected
> rm: =randmatrix (2, 3);
```

$$m: =\begin{bmatrix} -85 & -55 & -37 \\ -35 & 97 & 50 \end{bmatrix}$$

(6) hilbert 矩阵。

```
> hilbert (4);
```

$$\begin{bmatrix} 1 & \frac{1}{2} & \frac{1}{3} & \frac{1}{4} \\ \frac{1}{2} & \frac{1}{3} & \frac{1}{4} & \frac{1}{5} \\ \frac{1}{3} & \frac{1}{4} & \frac{1}{5} & \frac{1}{6} \\ \frac{1}{4} & \frac{1}{5} & \frac{1}{6} & \frac{1}{7} \end{bmatrix}$$

16.2.2 矩阵运算

矩阵操作是针对矩阵自身元素施加的初等变换。在 Maple 中完成这些操作，可通过加载程序包 linalg，执行相关的命令来完成。

```
> a: =randmatrix (3, 3); swaprow (a, 1, 3); # 函数 swaprow 进行行的交换
```

$$a: =\begin{bmatrix} 79 & 56 & 49 \\ 63 & 57 & -59 \\ 45 & -8 & -93 \end{bmatrix}$$

$$\begin{bmatrix} 45 & -8 & -93 \\ 63 & 57 & -59 \\ 79 & 56 & 49 \end{bmatrix}$$

> swapcol (a, 1, 3); #swapcol 进行列的交换

$$\begin{bmatrix} 49 & 56 & 79 \\ -59 & 57 & 63 \\ -93 & -8 & 45 \end{bmatrix}$$

> mulrow (a, 2, Pi); mulcol (a, 3, 5); #函数 mulrow 和函数 mulcol 进行行、列的数乘

$$\begin{bmatrix} 79 & 56 & 49 \\ 63\pi & 57\pi & -59\pi \\ 45 & -8 & -93 \end{bmatrix}$$

$$\begin{bmatrix} 79 & 56 & 245 \\ 63 & 57 & -295 \\ 45 & -8 & -465 \end{bmatrix}$$

> c: =addcol (a, 1, 2, x); d: =addrow (a, 2, 3, y); # 函数 addrow 和函数 addcol 进行行、列的线性组合

$$c:=\begin{bmatrix} 79 & 76x+56 & 49 \\ 63 & 63x+57 & -59 \\ 45 & 45x-8 & -93 \end{bmatrix}$$

$$d:=\begin{bmatrix} 79 & 56 & 49 \\ 63 & 57 & -59 \\ 63y+45 & 57y-8 & -59y-93 \end{bmatrix}$$

> delrows (a, 2..2); delcols (a, 1..2); # 函数 delrows 和函数 delcols 进行行、列的删除

$$\begin{bmatrix} 79 & 56 & 49 \\ 45 & -8 & -93 \end{bmatrix}$$

$$\begin{bmatrix} 49 \\ -59 \\ -93 \end{bmatrix}$$

> m1: =matrix (2, 2, [x, y, z, w]); m2: =matrix (2, 2, [A, B, C, D]);

$$m1:=\begin{bmatrix} x & y \\ z & w \end{bmatrix}$$

$$m2 := \begin{bmatrix} A & B \\ C & D \end{bmatrix}$$

> evalm (m1 + m2); matadd (m1, m2); # 函数 evalm 或函数 matadd 进行矩阵的加减法

$$\begin{bmatrix} x+A & y+B \\ z+C & w+D \end{bmatrix}$$

$$\begin{bmatrix} x+A & y+B \\ z+C & w+D \end{bmatrix}$$

> `k * m1`= evalm (k * m1); scalarmul (m1, k); # 函数 evalm 或 scalarmul 进行矩阵的数乘

$$k * m1 = \begin{bmatrix} kx & ky \\ kz & kw \end{bmatrix}$$

$$\begin{bmatrix} kx & ky \\ kz & kw \end{bmatrix}$$

> evalm (m1&* m2); multiply (m1, m2); # 矩阵的乘法

$$\begin{bmatrix} xA + yC & xB + yD \\ zA + wC & zB + wD \end{bmatrix}$$

$$\begin{bmatrix} xA + yC & xB + yD \\ zA + wC & zB + wD \end{bmatrix}$$

用函数 evalm 来进行矩阵的乘法时，相乘操作符为“&*”，而不是“*”。

> transpose (a); # 求转置矩阵

$$\begin{bmatrix} 79 & 63 & 45 \\ 56 & 57 & -8 \\ 49 & -59 & -93 \end{bmatrix}$$

> det (a); # 函数 det 计算矩阵行列式的值

$$-427024$$

> a1: = inverse (a); multiply (a1, a); # 函数 inverse 求矩阵的逆

$$a1 := \begin{bmatrix} \frac{5773}{427024} & \frac{-301}{26689} & \frac{469}{32848} \\ \frac{-801}{106756} & \frac{597}{26689} & \frac{-149}{8212} \\ \frac{3069}{427024} & \frac{-197}{26689} & \frac{-75}{32848} \end{bmatrix}$$

$$\begin{bmatrix}1&0&0\\0&1&0\\0&0&1\end{bmatrix}$$

运用函数 eigenvects 和函数 eigenvals 分别求矩阵的特征向量和特征值

```
> x: =matrix (3, 3, [1, -3, 3, 3, -5, 3, 6, -6, 4]); v: =eigenvects (x);
```

$$x:=\begin{bmatrix}1&-3&3\\3&-5&3\\6&-6&4\end{bmatrix}$$

v: = [4, 1 { [1, 1, 2]}], [-2, 2, { [1, 1, 0], [-1, 0, 1]}]

表示一重特征值4，对应的特征向量为 [1, 1, 2]，二重特征值 -2，对应的特征向量为 [1, 1, 0]，[-1, 0, 1]。

```
> eigenvals (x);
```

4, -2, 2

习题十六

1. 已知 $A=\begin{bmatrix}1&1&1\\-1&1&1\\1&-1&1\end{bmatrix}$，$B=\begin{bmatrix}1&2&1\\1&3&-1\\2&1&4\end{bmatrix}$。

求：(1) $AB-2A$；(2) $A*B$；(3) $A.*B$；(4) $AB-BA$。

2. 已知 $A=\begin{bmatrix}16&14&5\\35&32&8\\2&0&7\end{bmatrix}$，分别求其特征值和特征向量。

3. 计算 $\begin{bmatrix}\cos(t)&-\sin(t)\\\sin(t)&\cos(t)\end{bmatrix}^4$

4. 对矩阵 A 和 B

$$A=\begin{bmatrix}3&-4&5\\8&0&-3\\5&2&1\end{bmatrix}\quad B=\begin{bmatrix}10&-6&-9\\6&-5&-7\\-10&9&12\end{bmatrix}$$

求 AB、BA 的逆矩阵，并检验等式：$(AB)^{-1}=B^{-1}A^{-1}$，$(BA)^{-1}=A^{-1}B^{-1}$。

第 17 章　微　积　分

极限、微分和积分是数学分析的基础内容，是理论研究和工程应用的重要工具。Maple 提供了相关的命令，可以完成常见的极限和微积分运算。

17.1　极限

计算极限的函数为 limit，其主要调用格式如表 17.1 所示。

表 17.1　函数 limit 调用格式

调用格式	功　　能
limit (f, x=a)	计算 f 在 $x=a$ 处的极限
limit (f, x=a, left)	计算 f 在 $x=a$ 处的左极限
limit (f, x=a, right)	计算 f 在 $x=a$ 处的右极限

例 1

```
> limit (x^sin (x), x=0); f: = (x-7) / (3*x-6);
```

$$1$$

$$f := \frac{x-7}{3x-6}$$

```
> Limit (f, x=infinity) =limit (f, x=infinity);
```

$$\lim_{x\to\infty}\left(\frac{x-7}{3x-6}\right)=\frac{1}{3}$$

上例中是计算函数 f 求自变量趋于无穷大时的极限。函数 Limit 是函数 limit 的惰性格式，函数 Limit 只输出极限的数学形式，而并不计算结果，但可与函数 value 配合计算结果。如：

```
> Limit (f, x = infinity);
```

$$\lim_{x\to\infty}\left(\frac{x-7}{3x-6}\right)$$

```
> value (%);
```

$$\frac{1}{3}$$

例 2　计算包含绝对值表达式的极限。

```
> f: =abs (x-2) / (x-2); limit (f, x=2, right); limit (f, x=2, left);
```

$$f: =\frac{|x-2|}{x-2}$$

$$1$$

$$-1$$

对于不存在的极限，Maple 会返回 undefined。undefined 是 Maple 的保留字，用户不能对其赋值。

例 3

```
> g: =sqrt (1-cos (x)) * sqrt (2) /x; limit (g, x=0);
```

$$g: =\frac{\sqrt{1-\cos(x)}\sqrt{2}}{x}$$

undefined

```
> undefined: =1;
Error, attempting to assign to `undefined` which is protected
```

17.2　微分

Maple 提供了 diff 和 D 命令，都可以完成微分运算。

例 4

```
> f: =x * sin (2 * x) +3 * x^2; Diff (f, x) =diff (f, x);
```

$$f: =x\sin(2x)+3x^2$$

$$\frac{d}{dx}(x\sin(2x)+3x^2)=\sin(2x)+2x\cos(2x)+6x$$

```
> value (%);
```

$$\sin(2x)+2x\cos(2x)+6x$$

函数 Diff 是 diff 的惰性形式，其输出结果是微分的算式，而不计算出微分的结果。

操作符 D 也可以用来对函数进行微分运算，它与函数 diff 不同在于：D 得到的结果仍然是一个函数，可以为其指定具体的自变量，从而计算函数值，而函数 diff 的结果不能直接作为函数使用。

例 5

```
> f: =x- >x^5 +x^3 -x +1; D (f); D (f) (a);
```

$$f: =x \to x^5 + x^3 - x + 1$$

$$x \to 5x^4 + 3x^2 - 1$$

$$5a^4 + 3a^2 - 1$$

若对函数求高阶微分，则调用形式为：diff (f, x $n) 或 D [i, j] (f)。D [i, j] (f) 用来计算函数对第 i 和第 j 个变元的偏微分。

例 6

```
> diff (g (x, y), x, x, x, y); diff (g (x, y), x $3, y);
```

$$\frac{\partial^4}{\partial x^3 \partial y} g(x, y)$$

$$\frac{\partial^4}{\partial x^3 \partial y} g(x, y)$$

应用函数 implicitdiff (f, y (x), x) 可以进行隐函数求导。

例 7 对 $\frac{x^2}{4} + \frac{y^2}{5} = 1$ 进行求导。

```
> f: =x^2/4 +y^2/5 =1; implicitdiff (f, y (x), x);
```

$$f: = \frac{1}{4}x^2 + \frac{1}{5}y^2 = 1$$

$$-\frac{5x}{4y}$$

17.3 积分

在 Maple 中，调用函数 Int、int 可以计算积分，函数 Int 是函数 int 的惰性形式，它不计算积分的结果，只返回积分的数学表达式，可以用函数 value 求其值。函数 int 的调用形式如表 17.2 所示。

表 17.2 函数 int 调用形式

调用形式	功 能
int (f (x), x)	$\int f(x)\,dx$
int (f (x), x =a. . b)	$\int_a^b f(x)\,dx$

```
> Int (sin (x), x) =int (sin (x), x); Int (exp (x), x) =int (exp (x), x);
```

$$\int \sin(x)\,dx = -\cos(x)$$

$$\int e^x\,dx = e^x$$

为了避免对计算造成不变，Maple 在求不定积分的结果中没有积分常数。

例 8 求 $\int_0^a \sqrt{a^2 - x^2}\,dx \quad (a > 0)$。

```
> assume (a>0);
> Int (sqrt (a^2-x^2), x=0..a) =int (sqrt (a^2-x^2), x=0..a);
```

$$\int_0^a \sqrt{a\sim^2 - x^2}\,dx = \frac{1}{4}a\sim^2\pi$$

习题十七

1. 求极限：

(1) $\lim\limits_{x\to0}\left(\frac{1+x}{1-x}\right)^{\frac{1}{x}}$；(2) $\lim\limits_{x\to0}\frac{\sin4x}{\sqrt{x+1}-1}$。

2. 求下列函数的导数：

(1) $y=e^x\cos x$；(2) $y=\ln(\arccos2x)$；(3) $y=\mathrm{ch}(\mathrm{sh}x)$。

3. 求下列不定积分：

(1) $\int\frac{x^2dx}{\sqrt{1+x-x^2}}$；(2) $\int\frac{\mathrm{tg}x}{1+\mathrm{tg}x+\mathrm{tg}^2x}dx$。

4. 利用换元积分法计算不定积分 $\int x^2\sin(x^3)\cos(x^3)\,dx$。

5. 求函数 $f(x)=1+9x-x^2$ 在区间 [2, 4] 上与 x 轴围成的面积。

第18章　方程求解

Maple 提供了许多用于方程求解的工具，不仅可以得到代数方程的解析解，而且可以得到代数方程的数值解。

18.1　代数方程求解

18.1.1　方程的解析解

在 Maple 中，方程式是以等号“=”将两个数学表达式连接起来的式子，并且可以把整个方程赋给一个变量。

例1

```
> eq1: =x^2+y^2=z; eq2: =sqrt(x^2-4*x+3) =x+1;
```

$$eq1:=x^2+y^2=z$$

$$eq2:=\sqrt{x^2-4x+3}=x+1$$

Maple 提供的函数 solve 是一个功能强大的求解工具，即可以用来求解代数方程或方程组，也可以用来求解代数不等式或代数不等式组。函数 solve 主要的调用格式如表 18.1 所示。

表 18.1　函数 solve 的调用格式

调用形式	功　能
solve (eqn, var)	求解 eqn 里的未知数 var
solve ({eqn}, var) 或 solve (eqn, {var})	求出方程 eqn 的解 sol，并返回 {var = solv} 的结构
solve ({eqn}, {var}	求方程组的解

例2　求解线性方程 $6x+3=11y$。

```
> solve (6*x+3=11*y, x); solve ( {6*x+3=11*y}, x);
```

$$-\frac{1}{2}+\frac{11}{6}y$$

$$\left\{x=-\frac{1}{2}+\frac{11}{6}y\right\}$$

可以把上面的解代入到一个函数中。

```
> subs (%, sin (x));
```

$$\sin\left(-\frac{1}{2}+\frac{11}{6}y\right)$$

例 3 一元二次方程的求根公式。

```
> solve ( {a*x^2+b*x+c=0}, x);
```

$$\left\{x=\frac{-b+\sqrt{b^2-4ac}}{2a}\right\},\ \left\{x=\frac{-b-\sqrt{b^2-4ac}}{2a}\right\}$$

例 4 方程有复数解。

```
> solve ( {x^3+x-10=0}, x);
```

$$\{x=2\},\ \{x=-1+2I\},\ \{x=-1-2I\}$$

如果方程无解或 solve 不能找到方程的解，则 solve 的输出结果为空。

例 5

```
> solve (x-3=x-2);
> whattype (%);
```

symbol

对于含有三角函数或其他周期函数的方程，在很多情况下，有无穷多个解，但 solve 通常只给出其中有限的几个分析解，一般是返回一个周期内的解。

例 6

```
> solve ( {sin (x) +cos (x) =1}, x); solve ( {sin (x) ^2-2*sin (x) -3=0}, x);
```

$$\left\{x=\frac{1}{2}\pi\right\},\ (x=0)$$

$$\{x=\arcsin(3)\},\ \left\{x=-\frac{1}{2}\pi\right\}$$

例 7 利用函数 solve 可以求解简单的不等式。

```
> solve (x^2>=0, x); solve ( (x-1+a) * (x-4+a) * (x-6+a) <0, {x});
```

x

$$(x<1-a),\ \{4-a<x,\ x<6-a\}$$

solve 函数还可以用来求解一些简单的方程组。

例 8　求解方程组$\begin{cases} ax+by=c \\ dx+ey=f \end{cases}$。

```
> solve ( {a*x+b*y=c, d*x+e*y=f}, {x, y});
```

$$\left\{x=\frac{-bf+ec}{-bd+ea},\ y=\frac{af-cd}{-bd+ea}\right\}$$

18.1.2　方程的数值解

虽然 solve 函数的功能十分强大，可以求解很多方程（组），但是对于某些特殊的方程（组），即使它有解，solve 函数也不一定能求出它的解析解。因而考虑使用函数 fsolve 来求一确定区间的数值解。

```
> eq: =tan (sin (x)) -exp (-3*x);
```

$$eq:=\tan(\sin(x))-e^{(-3x)}$$

```
> solve (eq, x); #使用 solve 未能求得 eq 的精确解
```

$$\text{RooOf}\left(3\_Z+\ln\left(\frac{\sin(\sin(\_Z))}{\cos(\sin(\_Z))}\right)\right)$$

```
> fsolve (eq, x=0..1); #求方程在 x=0~1 的实根
```

$$0.3466584356$$

18.2　微分方程求解

利用函数 dsolve 进行微分方程求解，dsolve 函数求出的解既可以是通解，也可以是满足一定初始条件的特解。dsolve 函数的调用格式如表 18.2 所示。

表 18.2　dsolve 函数调用格式

调用格式	功　　能
dsolve (eqn, y (x))	解微分方程 eqn，其中 y 为 x 的函数
dsolve ({eqn, conds}, y (x))	解包含初始条件或边界条件的微分方程

例 9　求解微分方程 $y'-2e^x+1=0$。

```
> eqn: =diff (y (x), x) -2*exp (x) +1; sol1: =dsolve (eqn, y (x));
```

$$eqn:=\left(\frac{d}{dx}y(x)\right)-2e^x+1$$

$$soll:=y(x)=2e^x-x+\_C1$$

如果指定初值 $y(0)=0$，可以解出方程的特解。

```
> sol: =dsolve ( {eqn, y (0) =0}, y (x));
```

$$sol:=y(x)=2e^x-x-2$$

例 10　求解微分方程组 $\begin{cases}\dfrac{dx}{dt}=2x-y-z\\ \dfrac{dy}{dt}=2x-y-2z\\ \dfrac{dz}{dt}=2z-x+y\end{cases}$。

```
>eq: = {diff (x (t), t) =2*x (t) -y (t) -z (t), diff (y (t), t) =2*x (t) -y (t) -2*z (t), diff (z (t), t) =2*z (t) -x (t) +y (t)};
```

$$eq:=\left\{\frac{d}{dt}x(t)=2x(t)-y(t)-z(t),\frac{d}{dt}y(t)=2x(t)-y(t)-z(t),\frac{d}{dt}z(t)=2z(t)-x(t)+y(t)\right\}$$

```
> dsolve (eq, {x (t), y (t), z (t)});
```

$$\{x(t)=e^t(\_C2+\_C3t),\ z(t)=-e^t(-\_C2+\_C3t+\_C3+\_C1),\ y(t)=(2\_C3t+C1)e^t\}$$

习题十八

1. 解方程组 $\begin{cases}x_1+x_2+x_3=2\\ x_1+3x_2+x_3=4\\ x_1+x_2+3x_3=0\end{cases}$。

2. 求解 $\begin{cases}y''+y=\sin(wx)\\ y(0)=0,y'(0)=1\end{cases}$，参数 $w>0$。

3. 用 Gauss-Jordan 消元法求解下面的线性方程组：

$$\begin{cases}x_1-7x_2+3x_3=1\\ 4x_1-2x_2+5x_3=4\\ 5x_1-x_2+x_3=9\end{cases}。$$

4. 求解微分方程组：

$$\begin{cases}\dfrac{dx(t)}{dt}=2x(t)-y(t)-z(t)\\ \dfrac{dy(t)}{dt}=2x(t)-y(t)-2z(t)\\ \dfrac{dz(t)}{dt}=2z(t)-x(t)+y(t)\end{cases}。$$

第 19 章　Maple 绘图

Maple 的最大特点是其无与伦比的符号计算能力，同样也具有很强的数据可视化功能。Maple 提供的绘图工具，不仅能够绘制常见函数的二维图形，而且能够绘制空间曲线、空间曲面等复杂的三维图形。

19.1　绘制二维图形

二维绘图的基本函数为 plot。函数 plot 是个功能强大的绘图工具，不仅可以用来绘制直角坐标系或极坐标系中的单个函数的图像，而且能同时绘制多个函数的图形。

19.1.1　二维绘图的基础知识

可以直接调用函数 plot 绘制二维函数图、参数图、极坐标图、等高图等。函数 plot 的调用形式为：

```
plot (f, h, v)
plot (f, h, v, option)
```

其中，f 是要绘制的函数、表达式或过程，h 是 x 轴区间，v 是 y 轴区间，option 是一些选项，用来设置图形的坐标轴、颜色、图线样式等等。

例 1　绘制函数 sin (x) 在区间 [-2π, 2π] 上的图形，用 title 选项输出图形的标题，labels 选项给坐标轴添加标注（图 19.1）。

```
> plot (sin (x), x = -2 * Pi..2 * Pi, title = " Sine Graph", labels = [" x"," sin (x)"]);
```

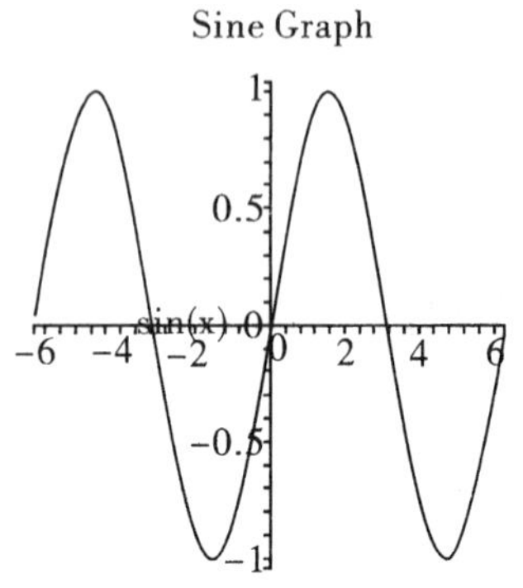

图 19.1

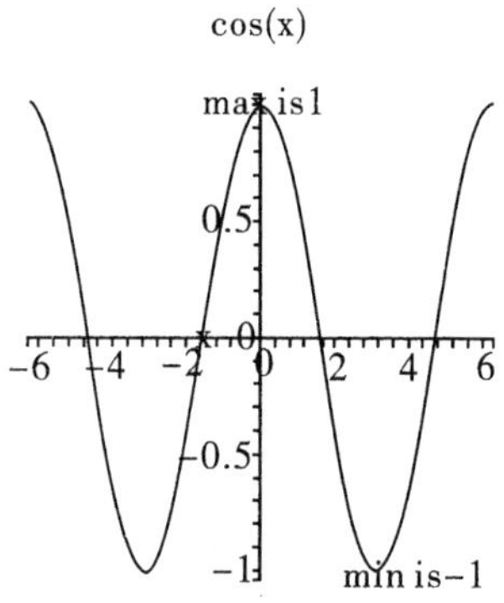

图 19.2

例 2　在 $y=\cos(x)$ 的图形上添加标题、坐标轴标注、标签（图 19.2）。

通过加载程序包 plots，函数 textplot 可以在曲线的任意位置进行标注，但函数 textplot 需要与函数 display 配合使用才能达到标注的目的。

```
> a: =plot (cos (x), x= -2*Pi..2*Pi): b: =textplot ( [0, 1," max is 1"]):
> c: =textplot ( [Pi, -1," min is -1"]):
> display ( [a, b, c], title=" cos (x)", labels= [" X"," Y"]);
```

例 3　绘制函数 $f=x^2-3$ 在区间 [-2 2] 内的图形，用 color 选项将曲线颜色设为绿色，linestyle 选项设置曲线的线形为点画线，thickness 选项设置曲线的宽度为粗线（图 19.3）。

```
> plot (x^2 -3, x= -2..2, color=green, linestyle=4, thickness=3);
```

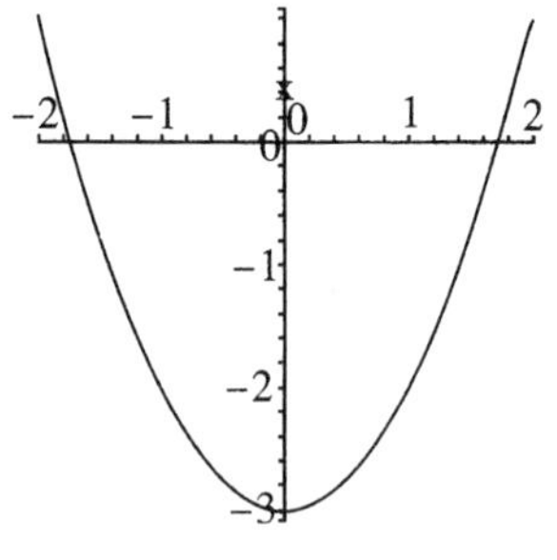

图 19.3

19.1.2　在同一坐标系中绘制多个函数图形

1．利用函数 plot

调用的格式有：

plot（{f1（x），f2（x），…fn（x）}，x = a..b，optoions）

plot（[f1（x），f2（x），…fn（x）]，x = a..b，options）

例 4　在同一坐标系中绘制函数 sin（x）和 $x-\frac{x^3}{6}$的图形，自变量的范围限定为［0，2］，两个函数图形的颜色都为绿色。函数 sin（x）的图像是孤立的用菱形符号表示的点的阵列，函数 $x-\frac{x^3}{6}$的图像是线形（图 19.4）。

```
> plot（[sin（x），x - x^3/6]，x = 0..2，color = blue，style = [point，line]）；
```

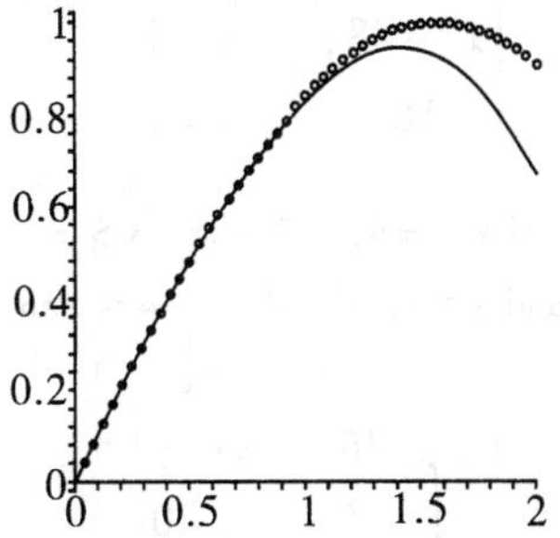

图 19.4

2．利用函数 display

例 5　函数 y1 和 y2 分别代表圆的上下两个半圆，p1 和 p2 是对应的曲线，函数 display 则使 p1、p2 显示在同一个坐标系中，从而构成了一个完整的圆（图 19.5）。

```
> restart;
> y1：= x - > 1 + sqrt（9 - （x - 3）^2）；y2：= x - > 1 - sqrt（9 - （x - 3）^2）；
```

$$y1:=x\to 1+\sqrt{9-(x-3)^2}$$

$$y1:=x\to 1-\sqrt{9-(x-3)^2}$$

```
> with（plots）：
> p1：= plot（y1（x），x = 0..6）：p2：= plot（y2（x），x = 0..6）：
> display（{p1，p2}）；
```

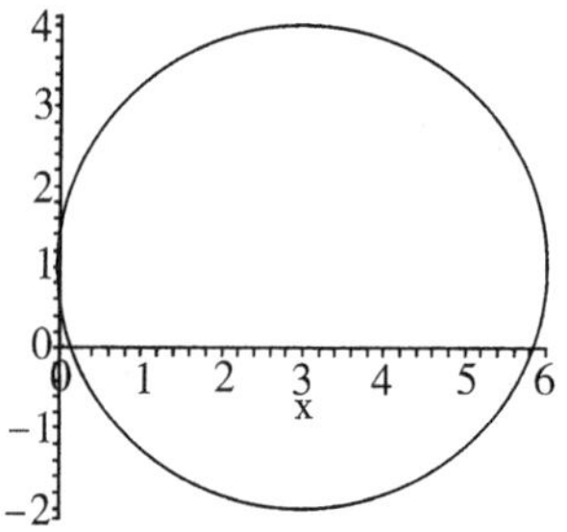

图 19.5

19.1.3 绘制分段函数图形

例 6 绘制分段函数 $f(x) = \begin{cases} 16, & x < -4 \\ x^2, & x < 0 \\ x^3 - 48, & x \leqslant 4 \\ 16, & 4 < x \end{cases}$ （图 19.6）。

```
> f: =x- >piecewise (x> =0 and x< =4, x^3-48, x> = -4 and x<0, x^2, x^2>16, 16);
```

$$f := x \to \mathrm{piecewise}(0 \leqslant x \text{ and } x \leqslant 4,\ x^3 - 48,\ -4 \leqslant x \text{ and } x < 0,\ x^2,\ 16 < x^2,\ 16)$$

```
> simplify (f (x));
```

$$\begin{cases} 16 & x < -4 \\ x^2 & x < 0 \\ x^3 - 48 & x \leqslant 4 \\ 16 & 4 < x \end{cases}$$

```
> plot (f (x), x= -8..8);
```

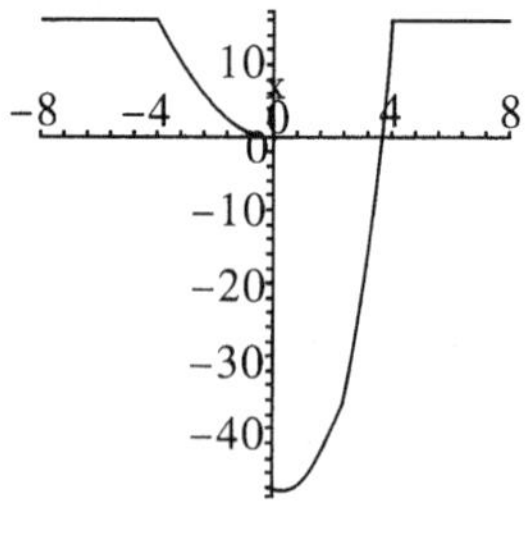

图 19.6

函数为间断函数时，各间断点之间被直线连接起来。为了能正确的输出图形的结果，可以增加选项 discont = true，表明要绘制的函数是不连续的，默认的设置是 discont = false。

19.1.4 绘制参数方程图形

调用函数 plot 还可以绘制参数方程表示的曲线，调用格式为：

plot ([x (t), y (t), t = a..b], options)

其中 $x(t)$，$y(t)$ 分别是关于 t 的参数表达式，options 为选项。

例 7 绘制一个椭圆图形 $\begin{cases} x = 1 + 3\cos(t) \\ y = 2 + 4\sin(t) \end{cases}$ （图 19.7）。

```
> plot ( [1 +3 * cos (t), 2 +4 * sin (t), t = -2 * Pi..2 * Pi]);
```

绘制的是一个椭圆图形，但显示的是一个圆，这是因为 Maple 输出的图形要匹配窗口的尺寸，默认 x 与 y 轴的比例是非等比的。因此，增加选项 scaling = constrained 使得 x 与 y 轴的比例成等比（图 19.8）。

```
> plot ( [1 +3 * cos (t), 2 +4 * sin (t), t = -2 * Pi..2 * Pi], scaling = constrained);
```

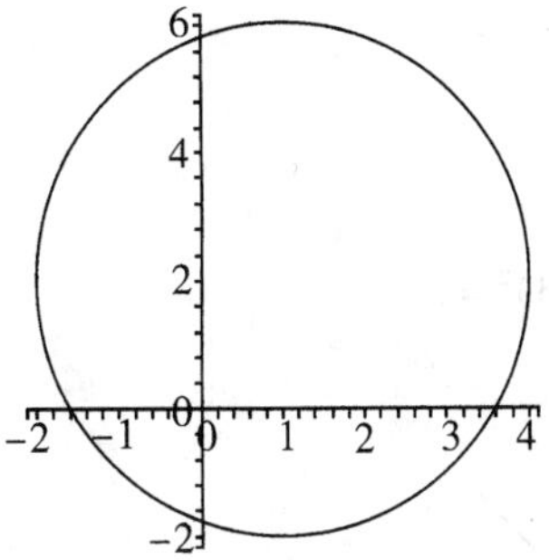

图 19.7

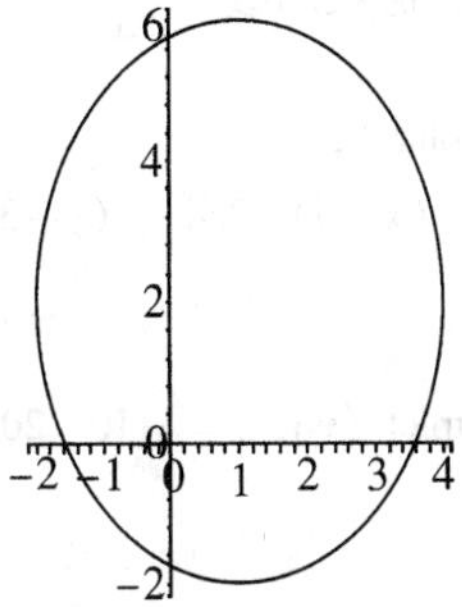

图 19.8

19.1.5 绘制散点图形

有时需要绘制一组实验数据所组成的图，仍可使用函数 plot，但必须指定图形绘制的方式为 style = point，否则就将绘制出折线图，默认的 style 参数的值为 line（线形）。

例 8 绘制已知数据点 (3.1, 4.1), (-3, -4), (5.6, 7.8), (-3, 5), (5, -3), (9, 10), (-13, 26), (3, 7) 的图形。

```
> data: = [ [3.1, 4.1], [-3, -4], [5.6, 7.8], [-3, 5], [5, -3],
  [9, 10], [-13, 26], [3, 7]]:
> plot (data); # 图 19.9
> plot (data, style = point); #图 19.10
```

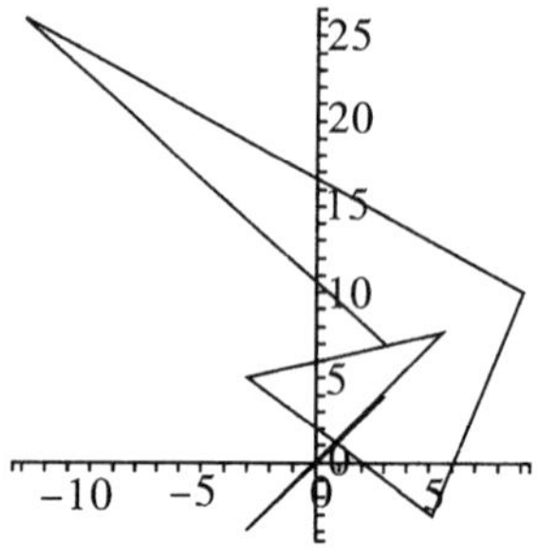

图 19.9

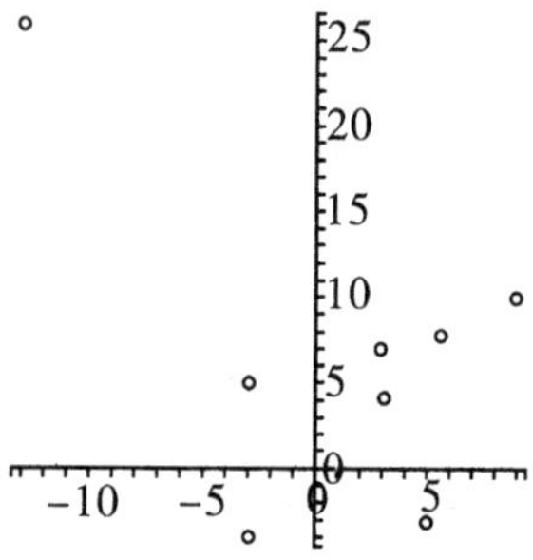

图 19.10

19.1.6 绘制隐函数图形

有时，函数的关系式无法用显式的方式 $y=f(x)$ 来表示，需要调用函数 implicitplot 来绘制隐函数图形。

例 9 绘制双曲线 $\frac{(x-6)^2}{4}-\frac{(y-3)^2}{5}=1$（图 19.11）。

```
> with (plots);
> eq: = (x-6) ^2/4 - (y-3) ^2/5 =1;
```

$$eq:=\frac{1}{4}(x-6)^2-\frac{1}{5}(y-3)^2=1$$

```
> implicitplot (eq, x = -10..20, y = -15..20);
```

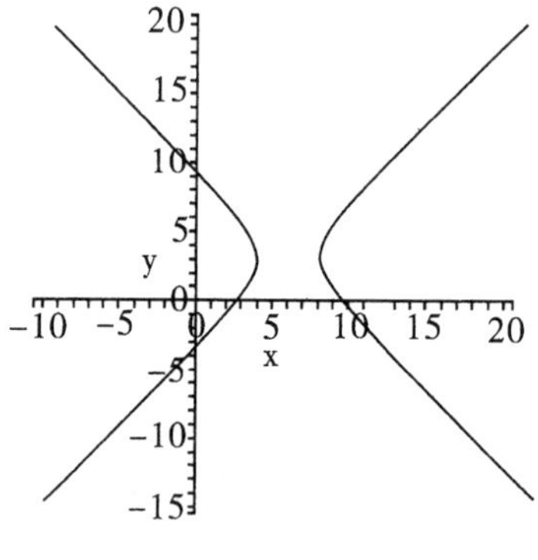

图 19.11

19.1.7 绘制极坐标图形

Maple 默认的绘制图形的坐标系是笛卡儿坐标系，Maple 还支持其他的坐标系，如极坐标系。函数 polarplot 是专门用来在极坐标中绘制图形的函数，其调用格式为：

ploarplot (r (t), t=a..b)

例 10 绘制函数(图 19.12)。

```
> with (plots);
> polarplot (1+2*sin (theta), theta=0..2*Pi);
```

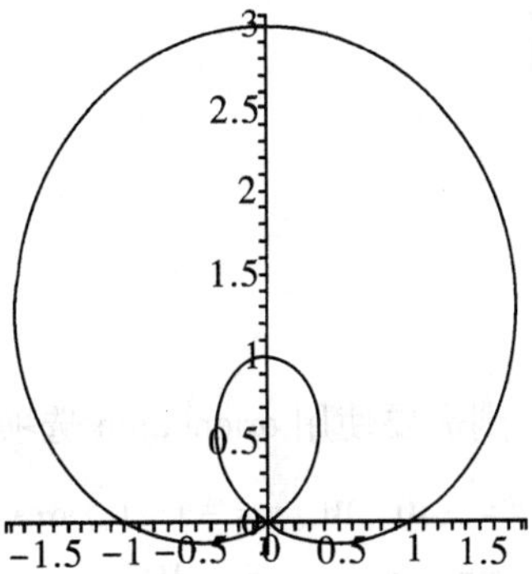

图 19.12

19.2 绘制三维图形

Maple 不但可以绘制二维图形,也可以绘制三维图形。在绘制的原理上,绘制三维图形与二维图形没有本质的区别,只是它增加了投影方式,以便在平面中显示出三维图形来。

19.2.1 绘制简单的三维图形

绘制三维图形使用 plot3d 函数,它的参数设置与二维图形类似。绘制三维图形需要两个变量,因此在 plot3d 函数中要指明两个参数的显示范围。使用 plot3d 绘制三维图形的格式为:

plot3d (f (x, y), x=a..b, y=c..d, options)

例 11 绘制函数 $f(x, y) = \sin(xy)$ (图 19.13)。

```
> plot3d (sin (x*y), x=-10..10, y=-1..1);
```

在默认情况下,三维图形的输出不显示坐标轴。增加 axed=boxed 选项可使输出的图形包含在矩形体内。

```
> plot3d (sin (x*y), x=-10..10, y=-1..1, axes=boxed); #图 19.14
```

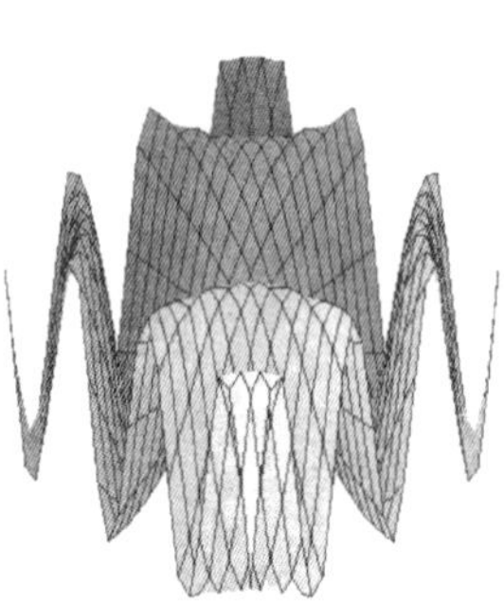

图 19. 13

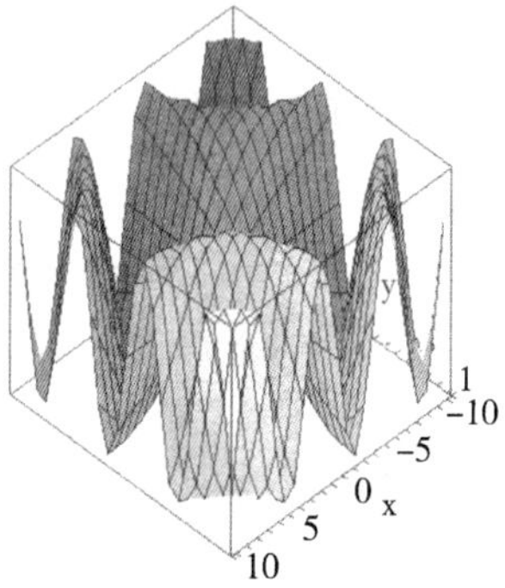

图 19. 14

如果需要确定观察的角度，则需要使用 orientation 选项。例如：

> plot3d (sin (x) * sin (y), x = -10..10, y = -1..1, axes = boxed); #图 19. 15

> plot3d (sin (x) * sin (y), x = -10..10, y = -1..1, orientation = [34, 70],
axes = boxed); #图 19. 16

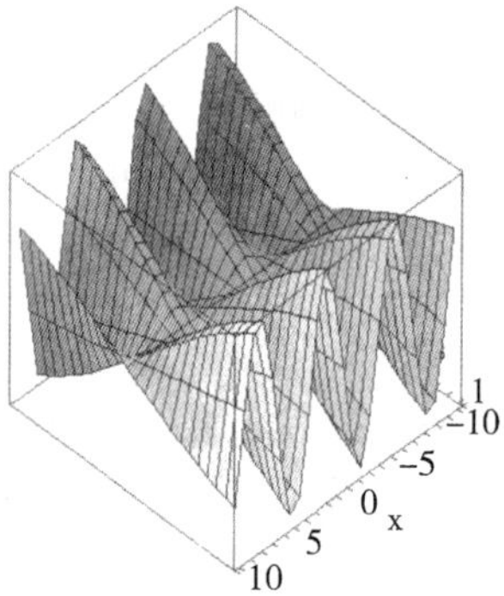

图 19. 15

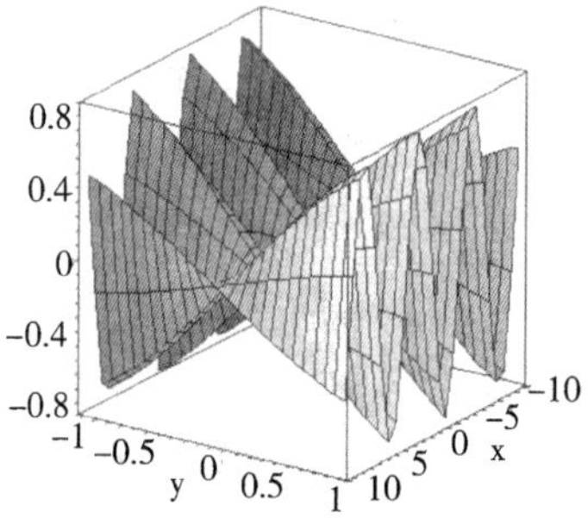

图 19. 16

三维图形的效果能够通过增加光照得到增强，通过 lightmodel 来设置光照模式。

> plot3d (sin (x) * sin (y), x = 0..4 * Pi, y = -2 * Pi..2 * Pi); #图 19. 17

> plot3d (sin (x) * sin (y), x = 0..4 * Pi, y = -2 * Pi..2 * Pi, lightmodel = light2); #图 19. 18

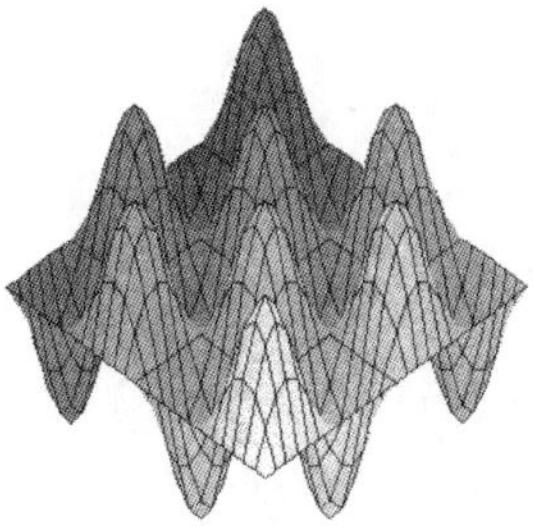

图 19.17

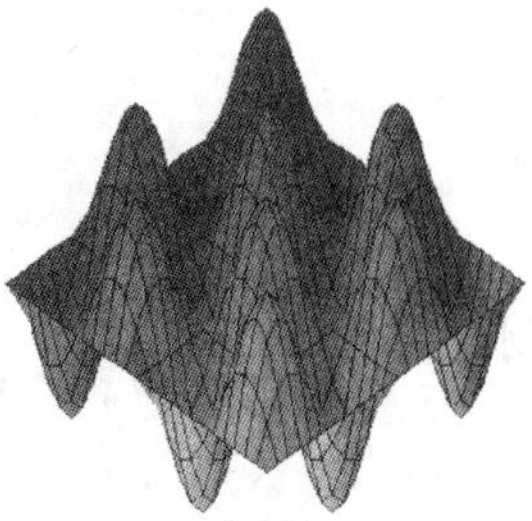

图 19.18

可以通过 projection 选项来设置投影模式。

> plot3d (sin (x) * sin (y), x = 0..4 * Pi, y = -2 * Pi..2 * Pi, projection = NORMAL); #图 19.19

19.2.2 绘制参数方程图

函数 plot3d 还可以绘制由参数方程确定的参数曲面，调用格式为：

plot3d ([f (s, t), g (s, t), h (s, t)], s = a..b, t = c..d)

例 12 绘制双曲面$\frac{x^2}{16}+\frac{y^2}{4}-z^2=2$，其参数方程为：

$$\begin{cases} x=4\sec(t)\cos(r) \\ y=2\sec(t)\sin(r), \quad (-\pi/2\leqslant t\leqslant\pi/2,\ -\pi\leqslant r\leqslant\pi) \\ z=\tan(t) \end{cases}$$

> plot3d ([4 * sec (t) * cos (r), 2 * sec (t) * sin (r), tan (t)],
t = -Pi/3..Pi/3, r = -Pi..Pi, axes = boxed); #图 19.20

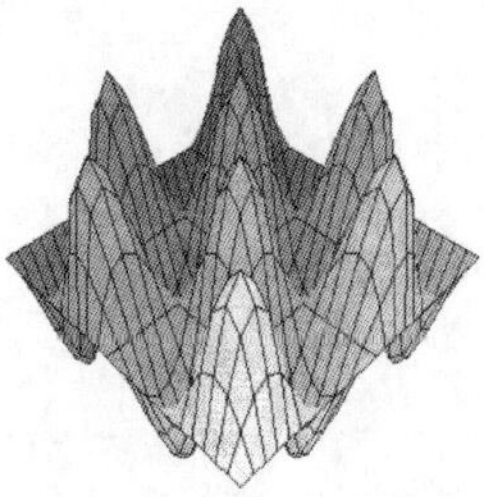

图 19.19

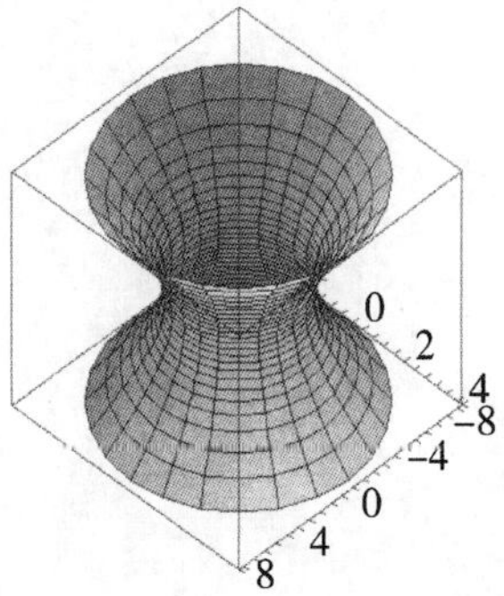

图 19.20

习题十九

1. 绘制分段函数$\begin{cases} 5, & x < -3 \\ x, & x < 0 \\ x^3 - 7, & x \leqslant 3 \\ x^2, & 3 < x \end{cases}$。

2. 绘制双曲面$\dfrac{x^2}{9} - \dfrac{y^2}{4} - z^2 = 1$。

3. 在一幅图上用不同的颜色和线型，画出函数 $\tan(x)$，$\sin(2x)$ 和 e^{x^2}的曲线。

4. 同时绘制函数$f(x,y) = 3x^2 + y^2$ 和函数 $g(x,y) = 8 - 2x^2 - 2y^2$ 的空间曲面。

参考文献

[1] 丁大正. Mathematica在大学数学课程中的应用. 北京：电子工业出版社，2006
[2] 赵继源，石刚. 数学工具软件及应用. 北京：北京理工大学出版社，2005
[3] 徐安农. Mathematica数学实验. 北京：电子工业出版社，2005
[4] [美] D 尤金著. 邓建松等译. Mathematica使用指南. 北京：科学出版社，2002
[5] 晨曦工作室. Mathematica 4实例教程. 北京：中国电力出版社，2000
[6] 嘉木工作室. Mathematica应用实例教程. 北京：机械工业出版社，2002
[7] 同济大学应用数学系. 高等数学（第五版）. 北京：高等教育出版社，2002
[8] 居余马等. 线性代数简明教程. 北京：清华大学出版社，2004
[9] 郑宏兴等. Mathcad简明教程. 武汉：华中科技大学出版社，2002
[10] 黄铎等. 科学计算自由软件SCILAB基础教程. 北京：清华大学出版社，2006
[11] 美国SAS软件研究所上海办事处编. SAS基础教程. 上海：上海科学技术文献出版社，1997
[12] 万福永，戴浩晖. 数学实验教程. 北京：科学出版社，2003
[13] 张人厚，张平安. 精通MATLAB. 西安：西安交通大学出版社，1998
[14] 张宜华. 精通MATLAB 5. 北京：清华大学出版社，1999
[15] 张志涌，刘瑞桢. 掌握和精通MATLAB. 北京：北京航空航天大学出版社，1999
[16] 柳承茂. MATLAB 5. X入门与应用. 北京：科学出版社，1999
[17] 曹弋，赵阳. MATLAB实用教程. 北京：电子工业出版社，2005
[18] 肖燕彩，邱成. MATLAB语言及实践教程. 北京：清华大学出版社，2005
[19] 李明东. Maple V R5实例教程. 北京：中国电力出版社，2000
[20] 马春庭. 掌握和精通Maple. 北京：机械工业出版社，2000
[21] 李强. Maple 8基础应用教程. 北京：中国水利水电出版社，2004
[22] 黎捷. Maple 9.0符号处理及应用. 北京：科学出版社，2004